"21世纪海上丝绸之路"周边国家
海洋合作指数评估报告 2018

刘大海 于 莹 著

科学出版社

北 京

内 容 简 介

本报告介绍了"21世纪海上丝绸之路"周边国家海洋合作指数研究的体系框架,借鉴"丝绸之路经济带"创新合作模式,以"五通"为基础,从政策沟通、设施联通、贸易畅通、货币流通和民心相通五个方向对2005—2016年34个"海丝路"周边国家海洋合作指数进行分析,并从梯次、国别、地区多视角进行了结果评价,总结"海丝路"周边国家和地区与我国开展海洋合作情况,为完善海洋国际合作政策提供支撑和服务。

本报告主要以各海洋研究所和高等院校、海洋经济、海洋管理等领域科研工作者和海洋爱好者等为读者对象,旨在为全社会提供一个了解海洋、认识海洋的途径和平台。

图书在版编目(CIP)数据

"21世纪海上丝绸之路"周边国家海洋合作指数评估报告.2018 / 刘大海,于莹著.—北京:科学出版社,2019.3
ISBN 978-7-03-060828-4

Ⅰ.①2… Ⅱ.①刘… ②于… Ⅲ.①海洋经济-国际合作-经济合作-指数-评估-研究报告-2018 Ⅳ.①P74

中国版本图书馆CIP数据核字(2019)第047279号

责任编辑:周 杰 / 责任校对:樊雅琼
责任印制:肖 兴 / 封面设计:黄华斌

科 学 出 版 社 出版

北京东黄城根北街16号
邮政编码:100717
http://www.sciencep.com

北京汇瑞嘉合文化发展有限公司 印刷
科学出版社发行 各地新华书店经销

*

2019年3月第 一 版 开本:720×1000 1/16
2019年3月第一次印刷 印张:8
字数:200 000

定价:128.00元
(如有印装质量问题,我社负责调换)

前　言

　　21世纪是大发展、大变革、大调整的时代，经济全球化和区域一体化的进程前所未有地加快，世界各国相互联系和依存的程度日益加深，发展开放经济成为开展国家与区域间国际合作的新方向。同时，人口的不断增加导致全球陆上资源过度开发，各类资源紧缺和枯竭急迫要求我们向海洋索取资源。而海洋的连通性、复杂性和包容性，也决定了海洋必然是世界各国连通的必经之路，是世界经济发展的重要支撑，是国家发展对外合作的重要着力点。随着海洋科技水平的快速上升和海洋开发利用能力的高速发展，以海洋为平台开展国际经济、贸易、政治等多方面合作，是国际合作发展的重点方向之一。

　　面对新形势、新机遇和新挑战，以习近平同志为核心的党中央审时度势，做出了主动参与和推动全球化进程的战略部署。2013年10月，中国国家主席习近平在出访东盟国家期间，提出共建"21世纪海上丝绸之路"的重大倡议，得到国际与国内社会的高度关注。2015年3月28日，国家发展和改革委员会、外交部、商务部联合发布了《推动共建丝绸之路经济带和21世纪海上丝绸之路的愿景与行动》，提出"中国愿与沿线国家一道，以共建'一带一路'为契机，平等协商，兼顾各方利益，反映各方诉求，携手推动更大范围、更高水平、更深层次的大开放、大交流、大融合"的美好愿景，表达了中国与周边国家友好合作的愿望。2016年8月17日，中共中央总书记、国家主席、中央军委主席习近平在北京出席推进"一带一路"建设工作座谈会时指出"以'一带一路'建设为契机，开展跨国互联互通，提高贸易和投资合作水平，推动国际产能和装备制造合作，本质上是通过提高有效供给来催生新的需求，实现世界经济再平衡"。如果能够使顺周期下形成的巨大产能和建设能力走出去，支持周边国家推进工业化、现代化和提高基础设施水平的迫切需要，有利于稳定当前世界经济形势。党的十九大报告也指出"要以'一带一路'建设为重点，坚持引进来和走出去并重，遵循共商共建共享原则，加强创新能力开放合作，形成陆海内外联动、东西双向互济的开放格局"。"一带一路"倡议为我国对外开放和国际合作建设构建了框架，展示了中国政府开放发展的积极态度，彰显出推动各国共同发展的大国担当。我国应秉持和平合作、开放包容、互学互鉴、互利共赢的丝路精神，将沿线各国打造成政治互信、经济融合、文化包容的利益共同体、命运共同体和责任共同体。

"21世纪海上丝绸之路"（以下简称为"海丝路"）作为"一带一路"倡议的重要组成部分，是促进共同发展、实现共同繁荣的合作共赢之路，是增进理解信任、加强全方位交流的和平友谊之路。中国蓝色经济正处于快速成长时期，构建海洋领域国际合作也是国家关注的开放与合作的重要方向之一。"海丝路"战略的实施为我国海洋开放合作提供了巨大发展契机，不仅为我国沿海地区的经济发展开拓了新空间，也促使我国蓝色经济外向型特征更加鲜明，与周边国家的合作关系更具建设性和丰富性。我国作为世界第二大经济体，在全球政治经济格局合纵连横的背景下，"海丝路"的开辟和拓展将为国际海洋合作提供重大发展机遇，大大增强中国在世界的参与度与话语权，促使我国与周边国家的海洋经济、文化、政治等合作关系更具建设性和丰富性。

"海丝路"沿线各国资源禀赋各异，经济互补性较强，彼此合作空间与潜力很大，自实施以来，"海丝路"建设秉承共商、共享、共建原则，在政策沟通、设施联通、贸易畅通、资金融通、民心相通等方面取得了许多实质性的进展。但不可忽视的是，尽管"海丝路"周边国家与我国已有多年合作基础，但沿线各国在商贸经济、科技发展、政治文化上的合作程度上仍有所差异。不同国家地缘政治格局、经济运行状况、政策开放程度均有所不同，国际经济金融秩序的结构性重组更加重国际货币市场的动荡，这些都成为中外合作时需要考虑的风险。为进一步总结海洋领域合作基础，明确合作方向，调整、完善国家海洋领域合作战略思路并提高国家海洋领域合作战略水平，应及时总结我国海洋领域合作现状与进展情况，为指导我国与各国未来深入合作并有效规避风险提供重要借鉴。基于此，本报告测算评估了"海丝路"周边国家海洋合作水平，旨在评估我国与"海丝路"周边国家的海洋合作水平和合作风险，衡量各国对外合作环境，为推动全球海洋领域合作与发展奠定良好的基础。

《"21世纪海上丝绸之路"周边国家海洋合作指数评估报告2018》分为四个章节，第一章介绍概念内涵、体系构建与测算方法，对本研究的指数框架和基础阐明要点；第二章以"丝绸之路经济带"创新合作模式为基础，以"五通"为框架，从政策沟通、设施联通、贸易畅通、资金融通和民心相通五个方向对2005—2016年我国与"海丝路"周边国家的海洋合作指数整体情况进行分析；第三章通过"海丝路"沿线各国海洋合作指数测算结果，将测评样本国家分为四个梯次，并对各梯次及其中有代表性的国家进行典型案例分析；第四章从地区视角出发，总结"海丝路"沿线地区与我国开展海洋合作情况，为完善海洋国际合作政策提供支撑和服务。希望《"21世纪海上丝绸之路"周边国家海洋合作指数评估报告2018》能够成为全社会认识和了解我国海洋国际合作的窗口，见证我国开放型海洋强国建设这一伟大历史进程。

在此特别指出，本研究是相关课题组成员集体合作的结晶。在这里，特别感谢自然资源部第一海洋研究所专家和领导一直以来对本研究给予的支持、建议和指导，感谢自然资源部总工程师、海洋战略规划与经济司司长张占海，自然资源部第一海洋研究所国际合作处主任杨亚峰，海洋政策研究中心的王春娟、徐孟，中国海洋大学的马雪健对本书的修改和完善。感谢国家重点研发计划"2016YFC1402701"和"2017YFC1405100"项目的支持。

学术研究是在继承前人研究基础之上，结合特定的选题背景和研究内容，对成果进行深层次的分析和探讨，是继承和创新的有机统一。作为一项研究成果，本书既有笔者的探索和思考，也有对他人成果的借鉴与引用。书中结尾已尽可能列明参考文献，但遗漏之处在所难免。在此，我们向所有被引用和参考资料的作者表示衷心的感谢。

本报告是"海丝路"国家海洋合作指数测算的阶段性尝试，若有不足之处，敬请批评指正，编写组会汲取各方面专家学者的宝贵意见，不断完善"海丝路"国家合作指数报告。如有意见与建议，欢迎联系 mpc@fio.org.cn。

刘大海　于　莹

2018年10月于青岛

目　　录

第一章　体系构建

　　"21世纪海上丝绸之路"（以下简称"海丝路"）是2013年10月中国国家主席习近平访问东盟时提出的战略构想。海洋是各国经贸文化交流的天然纽带，共建"海丝路"是全球政治、贸易格局不断变化形势下，中国连接世界的新型贸易之路。在陆域资源日趋紧张的今天，海洋成为世界经济发展新的着力点，国际性海洋合作也在逐步开展。我国作为世界第二大经济体，在全球政治经济格局合纵连横的背景下，"海丝路"的开辟和拓展将为国际海洋合作提供重大发展机遇，大大增强中国在世界的参与度与话语权，促使我国与周边国家的海洋经济、文化、政治等合作关系更具建设性和丰富性。

　　中国作为全球自由贸易体系的维护者和开放型世界经济的推动者，应积极参与海洋国际合作，努力打造全方位、复合型、多层次的海洋开放新格局。2017年，党的十九大报告提出"加快建设海洋强国"的新要求，并始终坚持和平、合作、共赢的发展态度。《中华人民共和国国民经济和社会发展第十三个五年规划纲要》明确提出，要拓展蓝色经济空间，对"十三五"时期我国海洋经济空间布局提出了更高要求，不仅要实现从近岸海域向海岛及深远海域的"有形拓展"，更要进一步开拓海外市场，更深更广地融入全球海洋产业价值链体系，进行"无形拓展"，提升海洋领域国际合作水平。

　　近年来我国海洋领域国际合作成果显著。截至2017年底，中国已与"一带一路"沿线58个国家签署各类投资贸易协定"单一窗口"综合简化率达59%；基础设施合作顺利开展，国际海缆与港口合作项目增多；海洋贸易不断增长，进出口贸易增长超过20%；海洋科技合作逐渐深入，"海丝路"沿线各国科研投入与专利申请不断增加；海洋人文合作效果显著，与各国政治关系联系密切。"海丝路"周边国家与我国开展的海洋领域合作已有多年基础，但不同国家地缘政治格局、经济运行状况、政策开放程度均有所不同，国际经济金融秩序的结构性重组更加重国际货币市场的动荡，这些都成为中外合作时需要考虑的风险。为总结合作基础，明确合作方向，调整、完善国家海洋领域合作战略并提高国际合作水平，应及时总结我国海洋领域合作现状与进展情况。定量测算"海丝路"海洋领域合作水平与合作风险并对其进行评价，对指导我国与各国今后深入合作的方向和有效规避风险具有重要的理论价值和现实意义。

第一节　概念内涵

一、"21 世纪海上丝绸之路"的内涵

"21 世纪海上丝绸之路"是 2013 年 10 月中国国家主席习近平访问东盟时提出的重要倡议[①]，近年来得到了国际社会的广泛关注和沿线国家的积极响应。我国古代海上丝绸之路源远流长，是世界上最为古老的海上航线之一。进入 21 世纪，世界政治、经济形势发生了深刻变化，海上丝绸之路也焕发出新的蓬勃生机。作为我国海上交通要道，"海丝路"也是中国与各国不同种族、不同信仰、不同文化背景国家进行经济合作、文化交流的重要渠道，同时也促进了沿线各国日益紧密的联系与合作。建设"21 世纪海上丝绸之路"，一方面顺应了世界多极化、经济全球化、社会信息化的潮流，同时也有利于促进中国与周边国家经济要素有序自由流动、资源高效配置和市场深度融合，为推动沿线各国经济政策协调，维护全球自由贸易和创造开放型世界经济做出了贡献。

"21 世纪海上丝绸之路"的战略合作伙伴没有具体的地域限制，而是以点带线，以线带面，增进周边国家和地区的交往，串起连通东盟、南亚、西亚、北非、欧洲等各大经济板块的市场链，发展面向南海、太平洋和印度洋的战略合作经济带，以亚欧非经济贸易一体化为发展的长期目标。

---

① 习近平在印尼国会发表演讲：携手建设中国–东盟命运共同体［N/OL］. 新华网，http://www.xinhuanet.com/world/2013-10/03/c_ 117591652. htm.［2013-10-03］.

二、"海丝路"国家海洋合作的内涵

合作是一种联合行动的方式。国际合作是国际互动的一种基本形式,指国际行为主体之间基于相互利益的基本一致或部分一致,而在一定的问题领域中所进行的政策协调行为。海洋作为连接世界陆地的重要区域和通道,对于海洋的科学研究以及海洋本身属性带来的国际合作必然是相关研究中的一大重点方向。海洋合作有多重含义,狭义的海洋合作大多指为获得海洋能源、生物、矿物、航道等多种资源而开展的合作研究、合作开发等,如海洋联合调查、联合航次、航道共享。广义的海洋合作则视海洋为载体,研究世界各国以海洋为依托开展的相关产业合作与成果互惠共享。本报告中,"海丝路"国家海洋合作更多着眼于广义的海洋合作,同时以"一带一路"倡议中的合作导向、合作内容、合作方式以及支撑国际合作的领域等为指导,指国家间以海洋为媒介,在政治、商贸、社会、科技等领域进行的多方面交流和协作,以达到全面发展、取长补短、互利共赢的合作状态。其中,海洋合作一方面针对重点区域,积极开展与合作伙伴的全方位合作,构建良好、健康、可持续的发展模式;另一方面借助既有的、行之有效的区域与全球合作平台,在更大范围、更高水平、更深层次上开展合作,共同打造开放、包容、均衡、普惠的海洋合作架构。因此,本报告提出的"海丝路"国家海洋领域合作是在上述意义上的一种广义的、全方位的国际合作形式。

三、"海丝路"国家海洋合作评价理论框架

2013年9月,中国国家主席习近平对哈萨克斯坦、土库曼斯坦等国进行国事访问并出席上海合作组织比什凯克峰会期间提出,构建"丝绸之路经济带"要创新合作模式,加强"五通",即政策沟通、道路联通、贸易畅通、

货币流通和民心相通，以点带面，从线到片，逐步形成区域大合作格局①。在此后正式文件的发布中，"道路"联通一词被替换为了"设施"联通。这一方面体现出道路方面的合作更多地体现在基础设施等领域，另一方面也体现出除陆上道路外，海上通道、空中航线等的合作在"五通"中的地位同样重要。国家发展改革委、外交部、商务部联合发布的《推动共建丝绸之路经济带和 21 世纪海上丝绸之路的愿景与行动》中对"五通"的含义进行了重点解读。政策沟通是"一带一路"建设的重要保障，要加强政府间合作，积极构建多层次政府间宏观政策沟通交流机制，深化利益融合，促进政治互信，达成合作新共识，共同制定推进区域合作的规划和措施，协商解决合作中的问题，共同为务实合作提供政策支持。设施联通是"一带一路"建设的优先领域，在尊重相关国家主权和安全关切的基础上，周边国家宜加强基础设施建设规划、技术标准体系的对接，共同推进国际骨干通道建设，逐步形成连接亚洲各次区域以及亚欧非之间的基础设施网络。其中，推动口岸基础设施建设，畅通陆水联运通道，推进港口合作建设，增加海上航线和班次，加强海上物流信息化合作也是合作重点之一。贸易畅通是"一带一路"建设的重点内容，应着力研究解决投资贸易便利化问题，消除投资和贸易壁垒，构建区域内和各国良好的营商环境，积极同周边国家和地区共同商建自由贸易区。其中积极推进海水养殖、远洋渔业、水产品加工、海水淡化、海洋生物制药、海洋工程技术、环保产业和海上旅游等领域合作是贸易合作中的重点之一。资金融通是"一带一路"建设的重要支撑，应深化金融合作，推进亚洲货币稳定体系、投融资体系和信用体系建设；加强金融监管合作推动签署双边合作谅解备忘录，逐步在区域内建立高效监管协调机制。民心相通是"一带一路"建设的社会根基，要传承和弘扬丝绸之路友好合作精神，广泛开展文化交流、学术往来、人才交流合作、媒体合作、青年和妇女交往、志愿者服务等，为深化双多边合作奠定坚实的民意基础。

---

① 习近平在哈萨克斯坦纳扎尔巴耶夫大学发表重要演讲.

"五通"一方面指出了"一带一路"合作的重点领域与发展方向，另一方面其高度的概括性和总结性也为"一带一路"相关研究指明了方向。海洋作为沟通合作的重要桥梁之一，其合作方向与合作内容必然与"五通"密切相关。本研究在构建海洋合作评价体系时，为体现合作评价的权威性、科学性、全面性和合理性，以"一带一路"的"五通"理论为框架，选取海洋领域权威指标，构建"海丝路"国家海洋合评价体系，据此对我国与"海丝路"周边国家的合作情况进行评价研究。

四、"海丝路"国家海洋合作指数内涵

本报告以广义的海洋合作理念为基础构建指数评价体系，研究世界各国以海洋为依托与中国开展的相关产业合作、经济流通、商贸互惠、人文交流、政策扶持等多方面互惠共享。"海丝路"国家海洋合作指数是反映样本国家与中国在海洋领域的政治、经济、社会、科技、人文等领域开展合作水平的综合性指数。"海丝路"国家海洋合作指数的构建借鉴了国内外相关指标体系，以"五通"理论为框架，以政策沟通、设施联通、经贸畅通、资金融通、民心相通 5 个方向为主要评价方向，同时考虑到基础数据的可获得性和完整性以及海洋领域国际合作类型的全面性和代表性，力求体现指数的全面性和科学性。通过指数测度，为综合评估各国海洋活动合作程度、全面客观地反映各国开展友好合作的潜力、推动全球海洋治理提供服务。

第二节　体系构建与测算

一、指标选择原则

（1）数据来源具有权威性

本报告基础数据来源于公认的全球官方统计和调查。通过正规渠道定期

搜集,确保基本数据的准确性、权威性、持续性和及时性。数据主要来源于历年《中国统计年鉴》、世界银行、《中国对外直接投资统计公报》、联合国贸易和发展会议(UNCTAD)数据库、世界知识产权组织知识产权统计数据中心、Web of Science 数据库等。

(2)指标具有科学性、现实性和可扩展性

合作指数与各项分指数之间逻辑关系严密,分指数的每一指标都能体现科学性和客观现实性思想,尽可能减少人为合成指标,各指标均有独特的宏观表征意义,定义相对宽泛,并非对应唯一狭义数据,便于指标体系的扩展和调整。

(3)评估思路体现海洋可持续发展思想

"海丝路"国家海洋合作指数评估指标体系构建过程中,不仅要考虑海洋国际合作整体发展情况现状,还要考虑国际时政、开放合作、发展态势等可持续性指标,兼顾指数的时间趋势,指数具有一定的延展性,方便后续研究的调整与修正。

二、指标体系构建

本报告使用的"海丝路"国家海洋合作指数立足于海洋领域国际合作的实际情况和数据资料的完整性、可获得性,从不同方面衡量中国与"海丝路"国家合作情况。

"海丝路"国家海洋合作指数包括政策、设施、经贸、资金、民心 5 个一级指标,10 个二级指标和 20 个三级指标,力求体现指数的全面性和科学性(表 1-1),具体如下。

表 1-1 海洋合作指数指标体系

指标	一级指标	二级指标	三级指标
A_1 "海丝路"国家海洋合作指数指标体系	B_1 政策沟通	C_1 政治互信	D_1 高层领导人互访
			D_2 伙伴关系级别
		C_2 双边文件	D_3 联合声明
			D_4 海洋领域合作谅解备忘录
	B_2 设施联通	C_3 交通设施	D_5 航空运输量
			D_6 双边海运联通指数
		C_4 通信设施	D_7 电话覆盖
			D_8 互联网普及程度
	B_3 经贸畅通	C_5 双边贸易	D_9 出口商品中我国占比
			D_{10} 进口商品中我国占比
		C_6 工程项目	D_{11} 港口工程建设项目及海外合作平台
			D_{12} 海底油气管道与海底光缆
	B_4 资金融通	C_7 双边资金融通	D_{13} 我国资本流入占外资流入比率
			D_{14} 外国直接投资净流入
		C_8 多边资金融通	D_{15} 多边经贸组织参与情况
			D_{16} 已收到的人均官方发展援助净额
	B_5 民心相通	C_9 海洋科技合作	D_{17} 以中国为目标受理国的外向型专利申请
			D_{18} 双边合作文章数量
		C_{10} 文化交流合作	D_{19} 外交互免签订
			D_{20} 友好城市数量

政策沟通：政策沟通指标反映了"海丝路"周边国家与我国政治政策方向与原则上的一致性与互通性。政策环境深刻影响着一国外交发展方向，是对外合作的基础，体现着一国的开放包容程度和国际影响力。该指标包含政治互信和双边文件两个二级指标。政治互信指标选取了高层领导人互访和伙伴关系级别两个三级指标进行说明。高层领导人互访是政治关系良好的体现，伙伴关系级别是我国对外合作方面的重要指标，是外交关系的直接体现。双边文件指标设置了联合声明和海洋领域合作谅解备忘录两个次级指标。两国

间联合声明对国家间合作方向有指导性意义，是合作成果的直接体现；海洋领域合作谅解备忘录是双边海洋领域合作的方向性与指导性文件，体现我国对外开展海洋领域合作的程度与政策规划。

设施联通：设施联通指标反映了我国在对外沟通中基础设施与通信领域的合作程度。该指标设置了交通设施和通信设施两个二级指标。交通设施指标使用了航空运输量和双边海运联通指数两个三级指标。交通连接是双边出口的决定因素，也是海洋贸易、人员交流等活动的重要依赖，一国的海洋与航空运输能力深刻影响着海洋合作发展的效率。通信设施指标使用了电话覆盖和互联网普及程度两个指标进行说明。手机、网络等的联通是现代社会的重要交流基础，通信的便利程度很大程度上反映了一国通信的发达与否和对外开放的程度。

经贸畅通：经贸畅通指标反映了"海丝路"周边国家与我国进行海洋领域的生产、分配、交换和消费等经济活动的能力和程度。该指标设置了双边贸易和工程项目两个二级指标。双边贸易指标选取了出口商品中我国占比和进口商品中我国占比两个三级指标进行说明。商品贸易是蓝色经济合作中最基础且重要的环节，对促进生产要素流动、发挥各国优势并获得贸易利益意义非凡。工程项目指标选取了港口工程建设项目及海外合作平台、海底油气管道与海底光缆，共2个三级指标。我国作为基建领域大国，对外输出工程建设是推动我国对外合作的重要途径之一，对于中外双方建设项目及其带动的人员技术的交流具有重要意义。同时，海底油气管道和光缆的合作能够反映两国及地区间交流合作的连接性，从而进一步推动蓝色经济合作的高效开展和成果的快速共享。

资金融通：金融流通在国际经济合作中占主导地位，金融在国际合作中既能够反映国家金融政策的倾斜程度，又能够反映一国金融稳定程度与流通水平。该指标选取了双边资金融通和多边资金融通两个二级指标进行评价。双边资金融通方面，选取了我国资本流入占外资流入比率和外国直接投资净流入两个指标。随着海洋贸易的发展，其对资本的需求日益旺盛，在加快资本流通速度的同时，也促进了多种投资方式的兴起，为蓝色经济发展提供路径支持。多边资金融通指标选取了多边经贸组织参与情况和已收到的人均官方发展援助净额进行说明。国际金融组织在支持国家开放与合作方面做出了大量努力，权威的多边经贸组织不仅体现在金融流通方面，更在国家发展、资金援助、国债贷款等方面拥有相当话语权。其中，为更好地体现"海丝路"沿线各国与中国金融合作的情况，研究尽可能选择了由中国主导的多边金融组织作为评价参考，以更准确地衡量多边经贸组织中沿线各国的参与度与合作度。

民心相通：文化合作是"一带一路"合作的基石，是推进对外交流合作的重要途径，更是展示中国文化的重要平台。该指标选取了海洋科技合作和文化交流合作两个二级指标。海洋科技合作使用以中国为目标受理国的外向型专利申请和双边合作文章数量两个三级指标进行说明。以中国为目标受理国的外向型专利申请能够体现一国科技进步对我国的市场导向性；双边合作文章数量侧重于科学研究的合作情况以及科技合作的协同性。文化交流合作指标选取了外交互免签订和友好城市数量两个指标。外交互免签订是国家间人员往来的基础，互免程度能够体现政府支持国家间交流合作的力度；友好城市协议支持城市间政治、经济、科教文卫等各个领域的交流合作，是城市间开展国际合作的重要手段之一。

三、指标解释

表1-1中的一级、二级指标均采用具有科学性、全面性和指代性的指标，三级指标则使用明确的可衡量与可量化指标，便于数据计算和分析。指标数据均来源于公开、公认、官方、具有可靠性的全球官方统计和调查，并通过正规渠道搜集统计。以下就各三级指标的含义与来源进行解释。

D_1 高层领导人互访（次）

中国与该国领导人当年进行国事访问或正式访问的次数。

11

数据来源：历史资料搜集。

D_2 伙伴关系级别

外交部公布的中国与该国外交伙伴关系级别。

数据来源：外交部资料搜集。

D_3 联合声明（份）

外交部公布的我国与该国在当年进行的联合声明、联合公报或新闻公报次数。

数据来源：外交部资料搜集。

D_4 海洋领域合作谅解备忘录（件）

该年我国与该国签署或正在执行的海洋领域合作谅解备忘录数量。

数据来源：国家海洋局资料搜集。

D_5 航空运输量（次）

在该国注册承运航班的国内起飞次数和国外起飞次数。

数据来源：世界银行数据库。

D_6 双边海运联通指数

表明各国与中国航运网络的连通程度。

数据来源：UNCTAD 数据库。

D_7 电话覆盖（个）

该国移动电话保有量。

数据来源：世界银行数据库。

D_8 互联网普及程度（%）

该国每百万人使用安全互联网服务器人数比例。

数据来源：世界银行数据库。

D_9 出口商品中我国占比（%）

中国进口某地区商品额/该地区出口商品总额×100。

数据来源：历年《中国统计年鉴》、世界银行。

D_{10}进口商品中我国占比（%）

中国进口某国商品额/该国出口商品总额×100。

数据来源：历年《中国统计年鉴》、世界银行。

D_{11}港口工程建设项目及海外合作平台（个）

中国投资或参与建设、运营的国外港口或海外合作平台。

数据来源：历史资料搜集、国家海洋局。

D_{12}海底油气管道与海底光缆（条）

中国参与建设、运营的跨国海底油气管道与跨国海底光缆。

数据来源：历史资料收集。

D_{13}我国资本流入占外资流入比率（%）

中国对某国直接投资流量/该国外商直接投资流量。

数据来源：历年《中国对外直接投资统计公报》、UNCTAD 数据库。

D_{14}外国直接投资净流入（现价美元）

在另一经济体中运作的企业永久性管理权益所做投资的净流入。

数据来源：UNCTAD 数据库。

D_{15}多边经贸组织参与情况

该国在多边经贸组织中参与情况。

数据来源：历史资料收集。

D_{16}已收到的人均官方发展援助净额（现价美元）

该国在官方机构、多边机构等国家和地区接受的捐赠。

数据来源：世界银行数据库。

D_{17}以中国为目标受理国的外向型专利申请（件）

表明各国与中国专利申请之间的合作。

数据来源：世界知识产权组织知识产权统计数据中心。

D_{18}双边合作文章数量（篇）

科技文章中署名作者中同时包含中国与该国作者名字的文章数量。

数据来源：Web of Science 论文检索。

D_{19}外交互免签订

该国与中国在人员往来互免签证协定。

数据来源：外交部数据。

D_{20}友好城市数量（个）

中国与该国在该年签署和保持的正式友好城市协议数。

数据来源：中国国际友好城市联合会数据库。

四、样本筛选

"海丝路"是我国"一带一路"倡议的重要组成部分，其主要包含三条通路，一条北向通过北极航线连接俄罗斯和北欧；一条南向经东南亚向南太平洋延伸；最后一条也是路线最长、涉及国家数量最多的一条，此通路由中国南方港口城市出发，南向经东南亚、南亚后穿印度洋，此后两条，一条通路从直布罗陀海峡通向地中海向北进入欧洲，另一条沿印度洋西缘南下联通非洲国家。

本报告样本国家的选取参照"海丝路"三条通路的设置路线，选取了线路最长、涉及国家最多、国际情况最复杂的连接东南亚-南亚-西亚-中东欧的线路。其中，为保障测评的完整性和通路的连通性，在样本选择方面一方面以中国一带一路网—国际合作栏目中包含的国家为基准；另一方面充分考虑样本国家的地域代表性和各指标数据的可获得性，同时兼顾海洋领域各专家的意见。前者为主，后者为辅，客观与主观相结合的方法选取了34个国家。其中值得注意的是，报告中样本国家的选取并未局限于明确表示参与我国"一带一路"倡议的国家，而是从通路的完整性出发，尽量包含航线周边国家及地区影响力较大的国家。本报告样本国家选取方面更多考虑了国家的地理位置属性，但希腊、土耳其等国由于历史、经济因素等在州属上并非与其地理位置一致，因此，将34个国家按照其地理位置最近化方法与国家区位比较一致化为基础，将其分为东南亚及周边地区国家、西亚及周边地区国家、南亚及周边地区国家和中东欧及周边地区国家四大类（表1-2）。

表1-2 "海丝路"海洋领域合作指数样本国家

地区范围	国家
东南亚及周边地区国家	新加坡、马来西亚、印度尼西亚、缅甸、泰国、柬埔寨、越南、文莱、菲律宾
西亚及周边地区国家	土耳其、黎巴嫩、以色列、也门、阿曼、卡塔尔、巴林、希腊、塞浦路斯、埃及
南亚及周边地区国家	印度、巴基斯坦、孟加拉国、斯里兰卡、马尔代夫
中东欧及周边地区国家	波兰、立陶宛、爱沙尼亚、拉脱维亚、克罗地亚、罗马尼亚、保加利亚、阿尔巴尼亚、乌克兰、俄罗斯

五、测算方法

"海丝路"国家海洋合作指数的测算方法采用标杆分析法，即洛桑国际竞争力评价所采用的方法。标杆分析法是目前国际上广泛应用的一种评估方法，其原理是：对被评估对象给出一个基准值，并以此为标准去衡量所有被评估的对象，从而发现彼此之间的差距，给出排序结果。因此，"海丝路"国家海洋合作指数的测算结果并不是各国各项指标的绝对水平，而是国家和地区进行横向比较的相对水平。进行"海丝路"国家海洋合作指数的横向比较以反映我国与各国在海洋领域合作密切程度，进行"海丝路"国家海洋合作指数的纵向分析以反映我国与各国在海洋领域合作的发展特点和演变趋势。研究采用"海丝路"国家海洋合作指数指标体系中的指标，利用2005—2016年权威数据，分别对纳入评估的各个国家进行测算。

（1）三级指标测算

设置每一项指标的最大值为标杆值，其得分为100，各指标得分为

$$D_{ij}^{t} = \frac{100x_{ij}^{t}}{X_{ij}^{t}}$$

式中，$i = 1—20$，表示20个三级指标；$j = 1—n$，表示纳入测算的 n 个国家；$t = 2005—2016$，表示测算时间为2005—2016年；x_{ij}^t 表示历年各国三级指标的原始数值；X_{ij}^t 表示历年各国三级指标原始数值中的最大值；D_{ij}^t 表示历年各国三级指标的最终得分。

（2）二级指标测算

由于不同指标在国际合作中贡献不同，因此二级指标在各国三级指标最终得分基础上，采用层次分析法及德尔菲法测算指标所占权重。在此基础上，采用第一步的标杆分析法，测算得出历年各国二级指标最终得分。具体层次分析及德尔菲法见附录七。

（3）海洋合作指数测算

根据历年各国二级指标最终得分，采用等权重法测算海洋合作指数的原始数值，通过标杆分析法得到海洋合作指数最终得分。

第二章 "海丝路" 国家海洋合作指数综合分析

　　国家间海洋领域合作不仅体现在海洋资源获取方面，在促进海洋经济发展、推动海洋社会交流、海洋科技进步和海洋政治互信等领域均有积极作用。"21世纪海上丝绸之路"倡议旨在促进"政策沟通、设施联通、贸易畅通、资金融通、民心相通"，为沿线地区的海洋合作构筑了良好的平台。为更好地推动落实"海丝路"倡议，需要全面客观地反映出我国与沿线各国海洋领域对外合作现状，明确中国及合作伙伴的合作程度与合作实力，从而准确有效地制定海洋合作政策与制度。

　　基于以上，本章节以"海丝路"周边国家为研究对象，评估各国与我国开展的海洋领域合作整体水平发展，以助力中国和"海丝路"周边国家的海洋合作向纵深发展。

　　总体来看，"海丝路"国家海洋合作指数得分总体表现出较为稳定的增长趋势，且指数波动呈现周期性。从时间尺度来看，2005—2016年"海丝路"国家海洋合作指数得分呈上升趋势，12年间指数平均得分为49.21，增长幅度为29.52%。值得注意的是，"海丝路"国家海洋合作水平的波动存在一个趋于自我平衡的趋势，指数得分以3—4年为周期呈波动上升走向，若其中一年合作得分与之前年份有明显下降，第二年必然会出现一个明显上升。该趋势反映了我国与"海丝路"国家合作水平尽管有部分年份合作成果有所下降，但该年度未完成的合作项目、合作工程会在下一年度"爆发"，因此整体合作水平呈现稳定上升态势。

　　从五大领域分析，五项一级指标得分存在差距。设施联通指标得分较高，说明我国近年来在对外工程建设、项目合作领域成果突出，且势头良好。资金融通指标开局良好，但发展势头略显疲态。我国在双边领域对发展中国家开展了大量资金援助项目，但近年来国际社会和西方发达国家对我国金融领域对外合作较为警惕，对我国开展金融合作带来了压力，也使得部分国家在与我国合作中表现得较为谨慎，因此资金融通也是五项一级指标中唯一得分呈现负增长的指标。政策沟通和民心相通指标得分处于中等水平且上升趋势稳定，两者均成为我国对外合作的坚实基础。经贸畅通指标得分较低，但该指标得分与样本国家经济水平两极分化密切相关，且得分上升势头稳定，是我国对外合作的关键。

第一节 "海丝路"国家海洋合作水平综合分析

一、"海丝路"国家海洋合作水平呈现波动上升态势

"海丝路"国家海洋合作水平以 2005—2016 年 12 年间每年所有样本国家指数得分的平均分计算获得。根据标杆分析法原理可知，单一国家合作指数得分的高低反映了我国与该国在海洋领域的合作密切程度；所有样本国家得分的平均值一方面反映了我国与"海丝路"周边国家与海洋领域合作水平的高低，另一方面也能反映出所有样本国家间合作得分差距的大小。因此，"海丝路"国家海洋合作指数得分上升，表明我国与样本国家合作趋于密切，且各国间得分差距缩小；反之则表明我国与样本国家间合作水平的差距有所扩大，且所有样本国家得分两极分化严重。

从指数得分时间序列情况来看（表 2-1），尽管"海丝路"国家海洋合作指数得分存在起伏，但总体以 3—4 年为周期呈波动上升趋势，整体得分表现出较为稳定的增长。2005—2016 年合作指数年均增长速度为 2.17%，增长幅度为 29.52%。其中，最高得分为 2014 年的 55.70 分。

表 2-1　2005—2016 年"海丝路"海洋合作指数和一级指标得分

年份	综合得分	一级指标				
		政策沟通	设施联通	经贸畅通	资金融通	民心相通
2005	40.80	29.88	28.02	23.83	46.23	30.40
2006	44.56	31.65	29.84	21.96	42.97	34.38
2007	45.63	29.84	31.53	21.07	44.60	35.85

年份	综合得分	一级指标				
		政策沟通	设施联通	经贸畅通	资金融通	民心相通
2008	47.82	34.54	33.20	24.65	42.98	35.66
2009	47.59	34.11	34.44	25.14	38.16	36.37
2010	52.47	34.40	39.17	25.25	43.22	36.17
2011	51.40	31.48	42.00	26.30	48.59	35.00
2012	51.35	34.56	41.00	27.42	46.55	35.17
2013	49.03	31.94	52.16	30.10	47.66	35.59
2014	55.70	41.12	40.48	26.19	44.03	35.28
2015	51.31	36.12	41.70	30.35	35.35	37.51
2016	52.85	36.35	42.09	30.05	42.05	39.47

　　"海丝路"国家海洋合作水平整体呈现一个趋于自我平衡的波动过程（图2-1）。若其中一年合作水平与之前年份有明显下降，第二年必然会出现一个明显上升。如2009年，海洋合作水平得分为47.59，相较2005—2008年稳定上升的趋势有所回落；但其后的2010年海洋合作水平得分有明显上升，达到52.47，也是2005年以来首次合作得分达到50分以上。同样趋势出现在2013—2014年，2013年得分为49.03，相较之前年份得分有较明显的下降，但其后的2014年则急速上升，并且达到了测算区间中的最高值55.70。该趋势说明，我国与"海丝路"周边国家整体合作水平存在自我平衡的趋势，尽管其中有部分年份合作成果有所减少，但该年度未完成的合作项目、合作工程等会在下一年度呈现"爆发"趋势，因此整体海洋合作指数得分呈现出上升稳定且周期性波动。

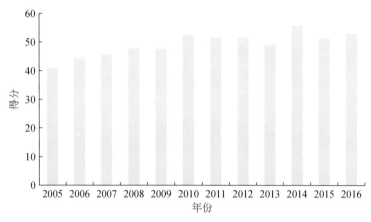

图 2-1　2005—2016 年"海丝路"国家海洋合作指数得分

二、不同海洋领域合作程度差距较小，整体处于上升趋势

本研究以 2005—2016 年"海丝路"国家海洋合作指数五项一级指标的年均得分来衡量我国与"海丝路"周边国家在五项领域的海洋合作水平（表 2-1 和图 2-2）。五项指标对比来看，经贸畅通得分最低，平均值仅为 26.35 分，总体表现出波动上升态势，年均增长速度为 1.95%，增长幅度为 10.55%[①]。民心相通、政策沟通两项指标水平大致相同，指标得分趋势缓慢上升中，年均得分分别是 35.57 和 33.83，其增长趋势也基本相同，增长幅度保持在 15% 左右。相比之下，设施联通和资金融通两项指标得分为五项指标年均得分最高的两项，但两者间发展趋势有所不同。设施联通指标增长幅度和年均增长率为五项指标中最高，分别是 35.51% 和 3.44%；而资金融通指标则是五项指标中唯一一个负增长指标，其增长幅度和年均增长率分别是 -5.84% 和 -0.79%。

总体来看，设施联通指标得分较高，说明我国近年来在对外工程建设、

---

① 文中得分数据为原始数据四舍五入获得，增长率、增长幅度等由原始数据计算获得，个别数值在使用四舍五入数据计算时精度上略有出入，以原始数据计算得分为准。

项目合作领域成果突出，且势头良好。资金融通指标得分同样处于高位，但时间尺度上出现了"开局良好，势头减弱"的走向。我国在双边领域对发展中国家开展了大量资金援助项目，但近年来国际社会和西方发达国家对我国金融领域对外合作较为警惕，对我开展对外合作带来了压力，也使得部分国家在与我合作中表现得较为谨慎，因此资金融通也成为五项一级指标中唯一负增长指标。政策沟通和民心相通指标得分处于中等且上升趋势稳定，两者均成为我国对外合作的坚实基础。经贸畅通指标得分较低，但该指标得分与所有样本国家的经济水平两极分化程度及对外合作差距程度相关。整体该指标得分上升势头稳定，是我国对外合作的关键。

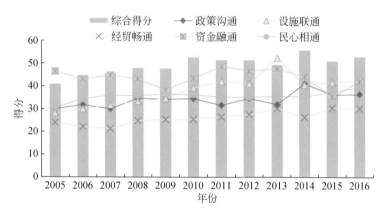

图 2-2　2005—2016 年"海丝路"国家海洋合作指数和一级指标得分变化趋势

三、各国五项一级指标得分差别明显

海洋合作旨在追求海洋领域经济、社会、政策、经贸等领域的协同发展与和谐共赢。各国在不同领域的表现有所差异（表 2-2），现以各国海洋合作指数得分与五大领域一级指标 2005—2016 年平均得分为例进行分析，见表 2-2。

表2-2 2005—2016年各国海洋合作指数得分与一级指标得分

国家	总得分	政策沟通	设施联通	经贸畅通	资金融通	民心相通
俄罗斯	100.00	100.00	60.13	14.40	85.19	94.94
新加坡	99.40	23.85	100.00	47.77	89.17	90.87
泰国	78.64	41.98	42.73	48.43	63.27	82.55
马来西亚	76.64	37.14	67.04	58.73	62.33	46.21
菲律宾	74.55	33.15	29.54	87.34	52.39	62.04
印度尼西亚	71.55	53.37	44.65	44.24	55.91	55.92
缅甸	70.78	36.47	6.51	96.02	75.32	36.61
巴基斯坦	69.76	71.47	21.79	41.96	58.41	53.54
越南	68.90	56.85	35.79	39.32	53.93	58.17
印度	67.30	76.75	49.25	23.39	45.51	43.70
波兰	57.90	42.98	48.42	4.95	45.56	62.87
土耳其	57.61	33.63	49.41	7.16	47.82	65.65
斯里兰卡	56.78	58.84	30.89	29.30	39.75	42.40
埃及	55.26	50.73	36.43	41.59	36.98	29.31
柬埔寨	53.48	45.44	15.64	20.67	72.30	35.03
希腊	52.70	45.16	48.39	33.10	33.89	25.70
以色列	48.36	19.41	52.48	17.47	41.69	39.89
阿曼	45.50	13.37	41.24	40.55	34.38	31.45
文莱	45.27	27.88	25.18	22.71	52.47	32.27
乌克兰	42.46	20.93	32.99	32.20	32.22	32.13
孟加拉国	41.81	37.21	12.44	19.91	34.51	44.26
克罗地亚	39.86	33.40	35.56	4.71	32.33	35.13
罗马尼亚	37.55	22.21	32.88	5.72	37.84	34.37
立陶宛	36.01	20.62	43.07	3.37	32.86	27.73
塞浦路斯	35.68	14.70	59.13	10.32	24.02	17.31
爱沙尼亚	32.22	17.44	55.69	5.39	33.53	1.41
保加利亚	30.65	19.56	29.93	3.82	37.09	17.69
卡塔尔	29.90	19.14	33.70	7.53	40.93	3.93
也门	28.30	10.02	13.94	53.15	23.36	0.06

国家	总得分	政策沟通	设施联通	经贸畅通	资金融通	民心相通
巴林	27.32	16.84	38.46	5.93	35.09	0.07
拉脱维亚	27.14	22.06	35.22	5.18	32.60	0.59
马尔代夫	26.53	22.89	28.97	3.99	22.13	15.67
阿尔巴尼亚	26.24	17.02	18.45	18.59	21.60	17.52
黎巴嫩	15.35	14.56	26.22	6.58	6.54	0.56

政策沟通方面,中俄两国在国家政策沟通层面得分较其他国家优势明显。中俄两国在一系列重大国际和地区问题上立场相同或相近,长期保持密切沟通和合作,共同推动成立了上海合作组织并建立了多个国际合作机制,在推动构建新型国际关系和人类命运共同体方面做出了突出贡献。巴基斯坦在政策领域得分优势同样明显,中巴"全天候战略合作伙伴关系"为两国政策沟通奠定了主基调,双方的关系会超越国际局势变化与巴基斯坦国内政权更迭,稳如泰山。而同样位于前列的新加坡则在政策沟通指标上较俄罗斯显现不足,中新两国在政策方面应进一步增进互信,凝聚共识。

设施联通方面,大部分国家该项指标得分整体维持在30分以上。其中东南亚国家凭借有利的地理位置,得分有较明显的优势,而大部分中东欧和西亚地区国家得分则较低。值得注意的国家为缅甸,尽管其地理位置优越,但受到国家整体经济实力制约,在设施联通与基础建设领域整体实力较低,因此该项指标结果较同地区国家仍然有较大的上升空间。

经贸畅通领域得分非常典型。该分指数除缅甸得分排名第一外,仅有菲律宾和马来西亚两国得分较高,其他国家得分均较低,东南亚平均得分也仅在50分左右。这是由于该项指标选取了出口商品中我国占比和进口商品中我国占比两项指标,而中缅两国在双边经贸领域成果过于突出,导致其他国家在指数横向比较时不占优势,因此使用标杆分析法得出的分值较低。中国已多年保持缅甸第一大贸易伙伴、第一大出口市场和第一大进口来源地,也是缅甸第一大投资来源国,投资主体和领域相对集中。例如,中缅边贸总额在缅甸对外边贸总额的占比维持在80%左右,在2014年占比高达86%;个别产品中国也是缅甸最大出口对象,缅甸有80%的橡胶原料出口至中国。

资金融通领域相较其他四个领域得分整体较高。中国作为"一带一路"建设的推动者,资金融通作用显著,且成效明显,现已得到了相关国家、机构和个人的普遍认可。中国多年来积极推动各类主体在境内外设立对外投融资机构、基金,通过多种形式的金融合作,促进了投资、贸易等领域产能合作,深化与相关国家和地区互利合作,也为"一带一路"建设提供了长期、稳定和可持续的金融支撑。

民心相通领域国家间得分差异明显,五项指标中两极分化现象最为严重。俄罗斯、新加坡和泰国三个国家得分在80分以上,排名第四的土耳其得分则滑落至65.65分,呈现明显阶梯状。有6个国家得分在10分以下,与优势国家差距十分明显。该指标设立的海洋科技合作和文化交流合作两方面评价指标中,部分国家由于整体实力较弱,无论在科技合作还是民间交流方面均不占优势,导致该指标劣势明显。由此可见,我国海洋对外合作中尽管部分国家民心相通成果突出,但仍有大量未开发领域,有待进一步提高。

下文将对各指标进行详细评估与分析。

第二节　政策沟通指数评估分析

政策沟通是"一带一路"建设的"五通"之首,是中国与"海丝路"周边国家开展各领域务实合作的前提与保障,为"一带一路"建设提供顶层设计与政策支持。共建"21世纪海上丝绸之路"关系到周边国家发展大计,需要将国家间良好的信任作为前提和基础。政治互信和政策互通的建立非一日之功,既受国际和地区形势变化影响,又与国家间的历史交往和现实利益息息相关。"海丝路"的建设是长期过程,其中难免面临不解、误会或猜疑。中国应发挥大国的定力与魅力,牢牢坚持共商共建共享原则,致力于开创合作共赢的新模式,将海洋领域政治合作打造成助力"一带一路"合作的重要基础与坚实动力。

政策沟通指数反映了"海丝路"国家与我国在政治政策方向与原则上的一致性和互通性。本研究着重加强了对海洋领域双边合作文件的评价,以体现海洋在夯实政策沟通领域的政治基础与进展贡献,为拓展"海丝路"建设的渠道和成果奠定基础。

一、海洋政策沟通合作实力稳定

整体来看,我国与"海丝路"沿线各国家海洋政策沟通得分程度处于中等水平,得分区间主要分布于(35,45)。由此可见,各国海洋政策沟通分级现象存在但并不严重,并且整体得分呈现缓步上升趋势(图2-3)。

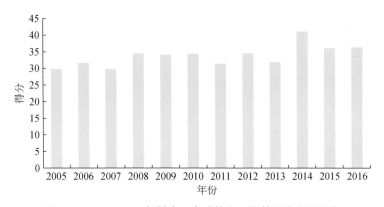

图2-3 2005—2016年样本国家政策沟通指数得分变化趋势

从时间尺度来看,政策沟通得分仅在2005年与2007年位于30分以下,其后尽管得分略有起伏,但整体趋势缓慢上升,反映出我国与"海丝路"周边各国政策沟通差距存在逐渐收敛的趋势。最高分出现在2014年,为41.12分。2014年是我国正式提出"海丝路"倡议的第二年,可以看出,各国对我国"海丝路"倡议反响积极,"一带一路"倡议在海洋领域政策沟通方面具有指导意义,起到了方向性指引作用。

二、优势指标与劣势指标并存

从政策沟通得分的两项二级指标的变化趋势来看，政治互信指标和双边文件指标得分贡献截然不同（表 2-3 和图 2-4）。两个二级指标之间，政治互信指标得分整体较高，而双边文件指标则相对拉低得分。这是由于国家间双边文件的签署较双边会议而言，前者所费时间更多，很多文件在前期会议沟通时的口头承诺转变为文件的签署时，需要大量时间、精力以获得文本细节上和落实单位等方面的一致，因此造成了双边文件指标得分较低的情况。

表 2-3 2005—2016 年政治互信指标和双边文件指标平均得分

年份	一级指标	二级指标	
	政策沟通	政治互信	双边文件
2005	29.88	39.19	13.82
2006	31.65	40.94	10.00
2007	29.84	39.65	15.13
2008	34.54	43.35	9.71
2009	34.11	46.28	7.65
2010	34.40	45.71	10.88
2011	31.48	45.60	10.29
2012	34.56	45.15	11.76
2013	31.94	39.01	21.32
2014	41.12	53.02	23.26
2015	36.12	48.35	17.78
2016	36.35	50.22	15.55

政治互信指标总体得分稳定，2005 年得分为 39.19 分，此后除 2007 年得分为 39.65 分外，其他年份均高于 40 分。2013 年得分波动最为剧烈，出现最低值 39.01 分，但 2014 年出现峰值得分 53.02 分。该波动趋势是由国家间政治合作态势导致。双边合作中，单一年份的合作成果难以体现整体趋势，其

　　通信设施指标在2005—2012年基本保持稳定的上升趋势，年均增长速度为8.99%，2012年得分出现峰值43.15。2013年起得分略有回落，但此后指标得分也一直保持在40分以上，说明我国与"海丝路"周边国家在通信设施领域的合作经历了迅速增长阶段后已奠定一定基础，目前通信设施的保有率、使用率及对社会的便利贡献等多方面已达到一定的动态平衡状态。随着通信领域科技创新、国家经济实力、人均购买能力、设备更新换代等多方面不断发展，在保持现有合作的基础上，该指标仍然有大量上升空间。

　　交通设施指标在2005年相较通信设施优势明显，但直到2015年该指标基本保持稳定，维持在30分左右，仅有2016年指标得分明显上升并出现峰值35.58，相较2005年增长幅度达17.36%。由此可见，我国对外海洋领域交通设施合作一直保持较为稳定的状态，在保证已开展合作工程项目顺利实施运转的基础上，积极开拓新的海洋领域交通设施合作是当务之急，这也是保障海洋领域各类对外合作的一项重要基础。

表2-4　2005—2016年交通设施和通信设施二级指标年均得分

年份	一级指标	二级指标	
	设施联通	交通设施	通信设施
2005	28.02	30.32	26.49
2006	29.84	29.36	29.47
2007	31.53	30.05	31.67
2008	33.20	30.53	34.78
2009	34.44	30.40	37.14
2010	39.17	31.01	36.60
2011	42.00	31.31	38.03
2012	41.00	32.05	43.15
2013	52.16	30.72	39.04
2014	40.48	31.57	40.87
2015	41.70	31.05	40.36
2016	42.09	35.58	40.19

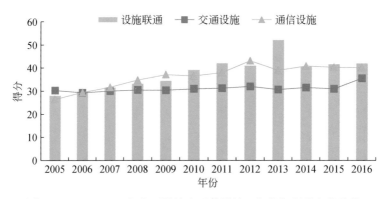

图 2-7　2005—2016 年交通设施和通信设施二级指标得分变化趋势

三、各国得分较为分散

　　"海丝路"国家设施联通指标得分分布较为分散，见图 2-8。新加坡排名第一，得分为 99.14 分。作为东南亚实力强劲的岛国，新加坡面积小、人口少的国家规模和发达的经济实力使其在经济、文化、教育等方面都已达到发达国家的水平。交通设施方面，新加坡港是亚太地区最大的转口港，在世界沿海港口行业知名度较高，同时也是世界最大的集装箱港口之一，这让新加坡在海运方面拥有强大实力。同时，作为重要的航空中转地，新加坡机场也是东南亚航班起落数和航空运输量最多的机场之一。通信设施方面，新加坡持续多年在全球宽带速率排行榜上名列前茅，其互联网和电话覆盖率同样位居世界前列。排名第二位的马来西亚年均得分为 66.47。该指标得分 60 分以上国家仅有两位，40—60 分以内国家有 12 个，30 分以下国家有 12 个，但仅有缅甸一国得分出现个位数。这表明，"海丝路"周边国家与中国在交通、通信设施的基础建设和普及程度等多方面合作成果坚实，虽与排名第一的新加坡间存在一定差距，但整体水平并未出现太大差异。

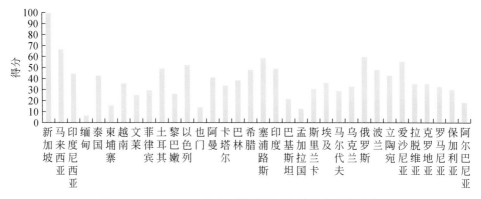

图 2-8　2005—2016 年各国设施联通年均得分变化趋势

第四节　经贸畅通指数评估分析

经贸畅通是"一带一路"倡议的核心内容,也是促进周边国家经济繁荣与区域合作的重要手段。近年来,我国在贸易通道建设和贸易政策沟通等领域成果稳步增长,自由贸易新格局正逐步形成。在顺应经济全球化、区域一体化趋势的基础上,我国全方位深化与周边国家的经贸往来,在产业投资、能源资源、产能合作等多方面着力消除投资和贸易壁垒,推动贸易的便利化,构建良好的贸易环境,在促进区域与全球经济要素高速流动、资源高效配置和市场深度融合等方面奠定了坚实的基础,达成了丰富的成果,为沿线各国互利共赢、共同发展做出了突出贡献。

经贸畅通指标反映了"海丝路"周边国家与我国进行海洋领域的生产、分配、交换和消费等经济活动的能力和程度。该指标一方面着重强调我国与"海丝路"周边国家在双边贸易领域的经济成果,另一方面在港口、海底油气、海外合作平台等方面合作进行了量化与评价,以体现海洋在贸易环境、经贸流通、产能合作等多领域的贡献与力量。

一、经贸畅通得分稳定

2005—2016年我国与"海丝路"周边国家经贸畅通指数得分基本处于中等略偏下水平，维持在（20，30）内，见图2-9。得分整体较为稳定，且具有缓慢上升趋势。2016年相较2005年经贸畅通指数增长幅度为26.08%，年均增长率为2.17%。2005—2007年指标得分略有下降，由23.83分下降至21.07分。2008年回升至24.65分，此后维持相对快速的上升趋势，2013年达到30.10分，其后2014年略有回落，原因是2014年我国进出口额度相较2013年下降明显，影响了经贸畅通指数得分。此后两年指数得分均保持在较高水平，2015年出现最高得分，为30.35分。

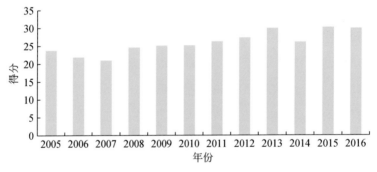

图2-9 2005—2016年经贸畅通指标得分变化趋势

经贸合作是近年来我国大力与"海丝路"周边国家推动的一项合作形式，合作成果同样斐然。而本研究中该指标得分较低是由于评价方式的选择与各国现实经济情况双方面导致的。本研究中各国得分由标杆分析法下各国比较获得，因此指标得分同样能反映各国得分的两极化程度。近年来我国与"海丝路"周边国家经贸合作成果丰硕，但合作范围大多限于重点国家和重点地区，对于"海丝路"整体的合作程度则存在分级。该部分在4.3节中会重点分析。

二、分指数贡献差别明显

经贸畅通指标内的两项二级指标中，双边贸易指标得分明显高于工程项目指标，但贸易受全球经济环境、国家经济实力、单一年份的不确定性等影响，其稳定性和增长速度不及工程项目指标（表 2-5 和图 2-10）。

双边贸易是拉动我国对外合作的重要力量，我国进出口额也多年位居全球第一。但受"海丝路"周边国家经济实力、政治环境等因素影响，我国与该地区贸易量仅占我国进出口总额的一部分。整体而言，双边贸易指标得分基本维持在（25，35），除 2014 年外，2011 年后得分均在 30 分以上。2014年出现了极端低分 24.29 分，这是由于"进口商品中我国占比"分指标中，2014 年我国进口柬埔寨产品高达 50%，整体上拉高了测算当年最高分，而由于标杆分析法使其他国家测算相对结果较低，得分两极分化严重，因此造成了平均得分极端的现象。

表 2-5 2005—2016 年经贸畅通指标和二级指标得分

年份	一级指标	二级指标	
	经贸畅通	双边贸易	工程项目
2005	23.83	25.29	11.03
2006	21.96	29.24	11.03
2007	21.07	25.33	11.76
2008	24.65	28.51	17.65
2009	25.14	29.12	17.81
2010	25.25	29.23	19.28
2011	26.30	30.98	19.28
2012	27.42	32.81	19.33
2013	30.10	30.59	19.33

续表

年份	一级指标	二级指标	
	经贸畅通	双边贸易	工程项目
2014	26.19	24.29	20.31
2015	30.35	27.19	21.29
2016	30.05	29.19	21.32

工程项目指标2005年初始值仅有11.03，是所有指标中初始值最低的指标。但该项指标在2005—2016年的12年测评区间中一直保持稳定的上升趋势，并未出现单一年份的下降现象，2016年达到峰值21.32。该现象说明我国与"海丝路"周边国家在工程项目领域合作进展明显，对外交通建设合作是拉动我国对外合作的中坚力量。我国已有多年对外援建公路、铁路等基础，近年来更在对外港口建设及跨国海底电缆、光缆等领域加快了建设步伐。同时，整体得分较低反映出我国开展的对外工程项目前仍停留在单一的点对点双边合作上，尚未对"海丝路"整体区域展开多角度大范围的合作模式。我国在基础建设、工程项目等领域拥有大量剩余产能，与"海丝路"周边发展中国的基础建设需求相契合，该领域合作前景广阔。

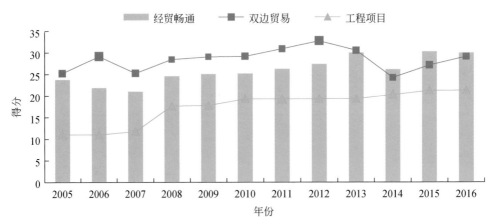

图2-10　2005—2016年经贸畅通指标和二级指标得分变化趋势

三、各国得分地域差别明显

经贸畅通指标中，各国得分差距明显，显示出较为明显的地域性差别。东南亚得分整体最高，排名第一的缅甸和排名第二的菲律宾均位于东南亚。中缅经贸合作渊源已久，我国已连续多年成为缅甸进出口贸易量最大的国家。中菲两国在电子商品、小商品加工业等多个行业一直保持着良好的合作传统和贸易往来。西亚国家中，值得注意的是也门。也门自2014年起国家出口总额大幅削减，但对中国经贸合作相对下降幅度弱，因此在出口相关分指标上2014—2016年的3年期间指数得分急剧上升，这也直接影响了也门整体年均得分排名的上升。南亚国家整体在经贸领域得分位居第二，部分国家如巴基斯坦、埃及等均与我国在经贸领域合作成果斐然。通过图2-11可以明显看出，中国与中东欧国家在经贸畅通领域得分普遍较低，未来有巨大合作空间。

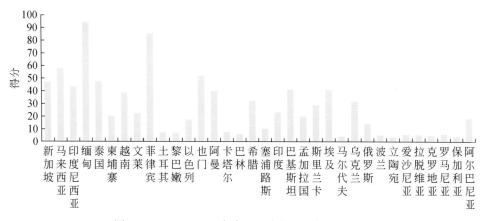

图2-11 2005—2016年各国经贸畅通指标年均得分

第五节　资金融通指数评估分析

资金融通是"一带一路"建设的重要支撑。"一带一路"建设的项目数量众多、规模庞大，仅靠单一的政府投资难以满足需要。因此，近年来我国财政部配合有关部门在资金融通领域推动了一系列合作成果，逐步扩大对外援助的支持力度，有力促进了周边国家的经济和民生事业发展。同时，我国多个银行、金融机构、信用保险公司等通过设立海外投资基金、境外人民币专项贷款等方式，推进了与相关国家和地区的基础设施、资源开发、产能合作和金融合作等项目进展，为"一带一路"合作倡议的推动和落实提供了坚实稳定的资金支持。

资金融通指标既反映我国与"海丝路"周边国家金融政策的倾斜程度，同时能够反映"海丝路"周边各国间金融稳定与流通水平的高低。本研究集中在双边与多边海洋领域金融合作，其中为更好体现"海丝路"沿线各国与中国金融合作情况，本研究尽可能选择了由中国主导的多边金融组织作为评价参考，以更准确地衡量多边经贸组织中与中国金融合作的友好程度。

一、资金融通得分呈现劣势

资金融通指标是本研究 5 项一级指标中唯一的一项负增长指标。我国曾有多年以资金援助推动双边外交活动的历程，但近年来国际合作形式与合作需求的多样化导致金融外交不再是两国合作的唯一手段。同时，部分西方国家对我国愈发强大的国际影响力产生忌惮，导致我国资金融通合作阻力增加，这也是导致资金融通指标负增长的重要因素之一。

总体来看，资金融通合作度稳定在中偏上水平，基本保持在（35，50），年均得分为 5 项一级指标中最高分，为 43.53，说明我国与"海丝路"周边国家资金融通合作基础雄厚。但 2005—2016 年年均增速为−0.79%，增长幅度为-9.04%。时间尺度上来看,2005—2009 年呈现下降趋势,下降幅度为17.45%,2010 年恢复上升,此后5 年内保持在40 分以上,2015 年出现最低得分35.36,2016 年恢复到40 分以上。整体而言,资金融通指标在一定程度上呈现周期性变化,但整体略呈现颓势,见图2-12。

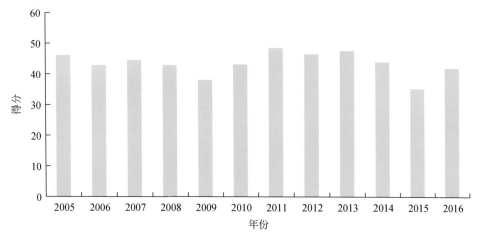

图 2-12　2005—2016 年资金融通指标得分变化趋势

二、分指标差距悬殊

资金融通两项分指标分别是双边资金融通和多边资金融通,两项分指标得分差距悬殊(表2-6)。整体而言,多边资金融通整体得分处于高位,保持在60 分以上,2010 年最高得分为71.62。2005—2014 年,多边资金融通一直维持在(68,72),但2015 年起得分陡降,2016 年得分最低,为60.26 分。导致该得分下降的原因是,在"我国资本占外资流入比率"三级指标中,文莱2015 年接受了大量中国资本流入,因此在标杆分析方法下,导致其他国家得分较低,对整体得分产生负影响。双边资金融通指标整体得分维持低位,基本保持在(10,25),并且起伏较小,但整体有下降趋势(图2-13)。

表 2-6　2005—2016 年资金融通指标和二级指标得分

年份	一级指标	二级指标	
	资金融通	双边资金融通	多边资金融通
2005	46.23	22.75	69.06
2006	42.97	21.97	69.39
2007	44.60	18.18	69.46
2008	42.98	15.68	69.75
2009	38.16	17.33	68.74
2010	43.22	15.30	71.62
2011	48.59	24.95	69.27
2012	46.55	21.31	68.97
2013	47.66	23.16	68.24
2014	44.03	16.03	70.45
2015	35.36	13.18	61.52
2016	42.05	23.89	60.26

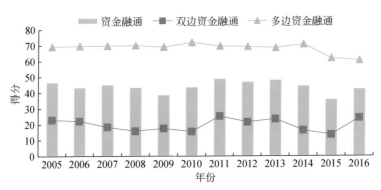

图 2-13　2005—2016 年资金融通指标和二级指标年均得分变化趋势

三、各国家得分整体维持高位

尽管资金融通指标在时间尺度上年均得分呈现负增长趋势,但从各国平均得分来看,该项指标整体得分较高,说明我国在资金融通领域与"海丝路"周边国家已建立了良好的合作基础,具有较好成效。由图 2-14 可知,排名第一的国家为新加坡,得分为 88.40,与排名第二的俄罗斯仅 4 分之差。50—80 分国家有 9 个,基本为东南亚国家,仅有巴基斯坦 1 个南亚国家。30—40 分国家数量最多,有 19 个;10 分以下国家仅有黎巴嫩 1 个。从各国平均得分中可以看出,资金融通在我国推动"海丝路"建设中占据不可或缺的角色,在各国年均得分也较其他指标得分高。尽管时间尺度上该指标得分显露出缓慢下降的颓势,但资金融通在我国与"海丝路"周边国家海洋领域合作中的地位仍不可小觑,应继续发挥良好基础优势,在国际金融合作领域中占据高地。

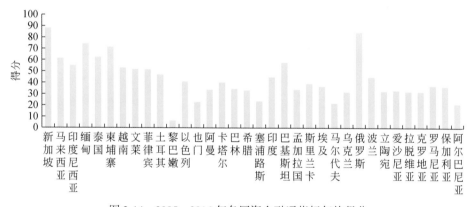

图 2-14　2005—2016 年各国资金融通指标年均得分

第六节　民心相通指数评估分析

文化合作是"一带一路"合作的基石,是推进对外交流合作的重要途径,更是展示中国文化的重要平台。当前,中国与"海丝路"周边国家已建立起形式多样、内容丰富的人文合作交流机制,各类文化年、旅游年、艺术节、体育赛事、青年交流、学术合作、智库对话等精彩纷呈。同时,汉语热的潮流也带动了大量文化输出，促进了双向民间交往，推动了国家间和地区间的人文交流合作。不同于其他合作内容，民心相通合作更多依赖人民群众自发的力量，以文明交流超越文明隔阂，以文明互鉴超越文明冲突，以文明共存超越文明优越。民心相通作为建设"一带一路"倡议的重要环节和合作手段，是不同民族、不同文明、不同信仰间的大合作，文化交流、文化认同、文化价值的包容是该领域的核心。

本研究民心相通指标在评价国家间整体民间合作成果与进展基础上，加强了对海洋领域科技合作的评价，以反映科学研究的合作度与协同性，以及两国间科技进步对合作的导向性及双方的惠及程度。

一、民心相通合作稳步上升

整体而言，民心相通指标得分稳定，且具有明显上升趋势。该指标年均增长率为 2.19%，2016 年相对 2005 年增长幅度为 29.86%。从得分趋势来看，民心相通指标经过了"蜜月期——平稳期——蜜月期"的发展走势。2005—2009 年指标得分上升迅速，海洋领域合作关系密切，相关成果迅速增加，中国与"海丝路"周边国家在海洋领域合作呈现"蜜月期"；2010—2014 年得分稳定，呈现"平稳期"，2011 年得分甚至略有下降，但幅度极小，整体得分仍保持 35 分，其下降趋势基本可忽略不计。2015 年起指数得分再次出现明显上升，呈现新一轮的"蜜月期"合作态势（图 2-15）。

二、分指标差异明显

民心相通指标分为海洋科技合作和文化交流合作两类。海洋科技合作指标得分较低，一直维持在 10 分以内，2016 年首次突破 10 分，达到最高值 10.78 分。造成海洋科技合作指标低得分的主要原因是"双边合作文章数量"三级指标带来的影响。我国与新加坡、泰国等东南亚国家海洋领域合作文章

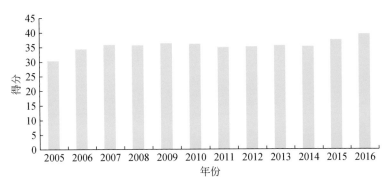

图 2-15　2005—2016 年民心相通指标得分变化趋势

成果显著，印度等南亚国家次之，但与西亚和中东欧国家海洋领域合作文章非常少，部分国家没有或仅有个位数合作文章，因此造成部分国家该指标得分极低，导致各国该领域得分的平均值受极大影响。这也反映出，我国海洋领域科技合作应在巩固现有合作优势的基础上，拓展合作国家，提高我国海洋科技合作成果数量、质量及影响力（表 2-7 和图 2-16）。

表 2-7　2005—2016 年民心相通指标和二级指标得分

年份	一级指标	二级指标	
	民心相通	海洋科技合作	文化交流合作
2005	30.40	9.60	26.06
2006	34.38	9.01	30.66
2007	35.85	9.58	33.90
2008	35.66	9.48	34.09
2009	36.37	8.95	33.82
2010	36.17	8.40	34.14
2011	35.00	9.32	32.57
2012	35.17	9.70	32.72
2013	35.59	9.25	32.90
2014	35.28	8.76	32.14

续表

年份	一级指标	二级指标	
	民心相通	海洋科技合作	文化交流合作
2015	37.51	7.46	32.88
2016	39.47	10.78	32.40

文化交流合作指标得分较高且稳定，2016年相较2005年增长幅度达24.32%。除2005年起始得分为26.06，此后得分均在30分以上，2010年最高分达34.14分。相较海洋领域科技合作，文化交流合作方面得分明显高出许多。近年来我国文化交流成果丰富，多种多样的合作形式、交流方式带动了我国对外文化输出的丰硕成果。

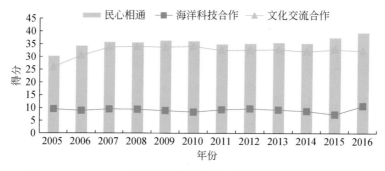

图2-16 2005—2016年民心相通指标和二级指标平均得分变化趋势

三、各国得分两极分化严重

"海丝路"周边国家与我国合作情况在民心相通指标上呈现两极分化的态势（图2-17）。俄罗斯、新加坡、泰国分别位列前三位且均超过80分，最高得分为92.78分。排名第四位的土耳其得分为64.16分，中间有20分的得分空缺。得分落在（30，60）的国家数量最多且差距较为紧密，有16个；有6个国家得分在10分以下，其中黎巴嫩、也门、巴林和拉脱维亚四个国家得分均在 1 分以下,趋近于零,与上述几个国家差距极大。从地区来看,东盟国家整体得分较高,其次为南亚国家,得分地域性差距明显。从该结果可以看出,我国与"海丝路"周边国家在民心相通领域合作目前尚存在十分明显的地域性局限。相较地理区位优势较大的东南亚国家和与我国有多年交流历史的南亚国家而言,距离较远的中东欧国家和西亚国家仍有潜力开展更多合作。中东欧地区中,得分最突出的为俄罗斯和波兰两国。作为与中国国际关系和民间关系最密切的国家之一,俄罗斯在苏联时期就与中国建立了十分密切的合作,两国在友好城市的数量方面与其他"海丝路"周边国家相比优势明显。而波兰与中国的合作则大多集中在文化艺术领域,双方拥有多年艺术节、文化节、合作演出等经验,因此在民心相通领域合作成果斐然。

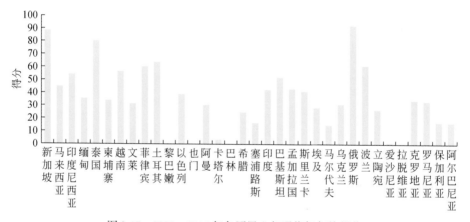

图 2-17　2005—2016 年各国民心相通指标年均得分

第三章 "海丝路" 国家海洋合作指数梯次与国别分析

当今时代,海洋在国家经济社会发展中的作用愈加突出。在全球化变革对国家经济实力和政策制定的影响力愈发突出的社会背景下,海洋不仅是国家安全与国际稳定方面的重要地理空间,在经济、金融、贸易、科技、政治、文化等众多领域的国际合作交流同样占据着重要位置。因此,有针对性地开展我国与不同国家海洋领域合作的分析比对,对我国未来开展海洋合作的规划方向、重点领域、发展趋势等多方面具有指导意义。

基于上一章节中对"海丝路"国家海洋合作指数综合分析结果,本章节将对34个"海丝路"周边国家与我国海洋领域海洋合作指数结果进行梯次划分与归类,并从合作进展、成果、亮点和不足等方面对各梯次中得分典型的国家进行重点分析。

从梯次划分结果来看,第一梯次国家为俄罗斯和新加坡两国,得分远高于其他国家。第二梯次国家包括泰国、马来西亚等8国,表现出与我国较高程度的合作水平。这些国家具有较明显的地理区位和国家经济实力优势,使得其在与我国海洋领域合作程度较高。第三梯次国家包括波兰等11个国家,这些国家大多在综合实力、经济水平等领域略有欠缺,因此与我国海洋领域合作处于中间水平。第四梯次包括克罗地亚、罗马尼亚等共13个国家,这些国家的开放与合作水平相对落后,在国家经济实力、对外开放程度、地区安全与稳定等方面均表现出不足,因此海洋合作指数得分排名相对较弱,发展空间广阔。

总体来看,优越的地理位置和雄厚的国家经济实力是"海丝路"国家海洋合作指数得分处于高位的重要原因。地区政治形势的安全与否和国家经济的稳定与否是影响国家实力的重要因子,也是制约国家对外合作的重要影响因素。目前,我国在海洋对外合作方面针对性较强,合作呈现出"强者愈强,弱者愈弱"的现象,应突破现有合作限制,面向更多国家开放合作内容,丰富合作途径,在海洋领域增强我国"一带一路"合作实力。

第一节 "海丝路"国家海洋合作水平梯次划分

本研究共测算了 34 个国家 2005—2016 年"海丝路"国家海洋合作指数，见图 3-1。根据测算结果，2005—2016 年"海丝路"国家海洋合作指数平均得分为 49.21，通过对所有国家平均得分统计，总体可将样本国家划分为 4 个梯次。其中，第一梯次国家包括俄罗斯和新加坡。这两国得分远高于其他国家，且呈现并列第一的趋势，在分年度得分中也基本为交替第一的结果。总体来看，第一梯次的两个国家经济水平较高，优势明显。优越的地理位置和雄厚的经济实力是第一梯次国家"海丝路"合作指数得分处于高位的重要原因。第二梯次国家包括泰国、马来西亚等 8 个国家，表现出与我国较高程度的合作水平。这些国家同样具有明显的地理区位和国家经济优势，使得其"海丝路"合作程度处于上游。第三梯次国家包括波兰、土耳其等 11 个国家，这些国家因在部分领域发展略有欠缺，与我国海洋领域合作处于中间水平。第四梯次国家包括克罗地亚、罗马尼亚等共 13 个国家，这些国家的开放与合作水平相对落后，在国家经济实力、对外开放程度、地区安全与稳定等方面均表现出不足，因此在海洋合作指数得分上排名靠后，发展空间广阔，前景仍可期。

不同梯次国家在与我国海洋领域合作的方式、内容、优势与不足上差距较大，也表现出不同的发展态势与侧重点。本章节将针对不同梯次、不同国家合作指数得分结果、合作发展现状与特点等方面，有针对性地进行梯次分析与典型国家重点分析。本研究有利于明确合作重点，规划合作方向，协调产业分布，为我国加快"一带一路"倡议落地与延伸做出积极贡献。

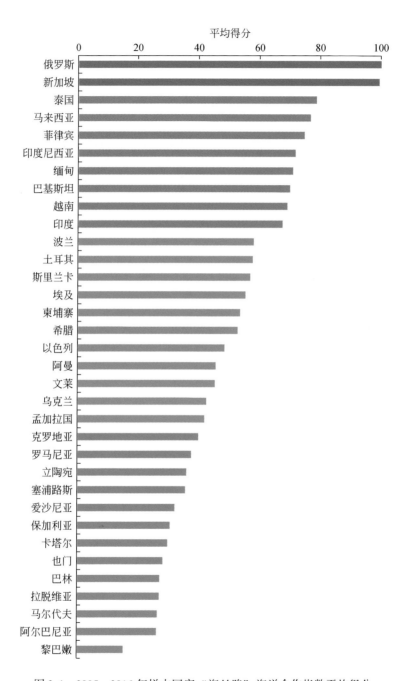

图 3-1 2005—2016 年样本国家"海丝路"海洋合作指数平均得分

第二节　第一梯次国家海洋合作指数分析

2005—2016 年 "海丝路" 国家海洋合作指数平均得分第一梯次的国家包括俄罗斯和新加坡。两国年均得分远远超其他国家，总得分十分接近，呈现并列第一的趋势，并且在分年度得分中也基本处于交替第一的趋势，如图 3-2 所示。

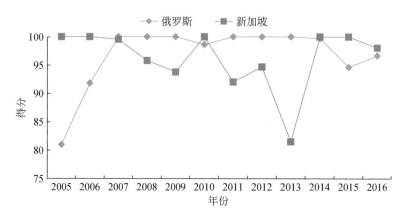

图 3-2　2005—2016 年第一梯次国家海洋合作指数平均得分

两国间相较，俄罗斯得分较新加坡更为稳定。2005 年俄罗斯得分最低，为 80.93 分，2007 年俄罗斯与我国海洋合作得分有了显著上升，达到排名第一的位置，并在此后一直保持 95 分以上高水平得分。新加坡得分则波动较大，2005—2007 年维持样本国家中第一的优势，2008—2009 年略有下降，2010 年新加坡得分回升，但至 2013 年得分降至 81.45 分，2014 年后得分回升。

下面就两个国家的得分进行国别重点分析。

一、俄罗斯海洋合作指数得分分析

俄罗斯在本研究的 34 个国家中海洋合作水平排名第一,年均得分达 96.86 分,除与新加坡较接近外远超其他国家。然而,俄罗斯五项分指得分发展趋势截然不同,整体而言,政策沟通与民心相通两项指标维持高位,资金融通指标下滑明显,设施联通领域处于中等偏上水平并有所上升,经贸畅通指标得分较低,应加强关注,如图 3-3 所示。

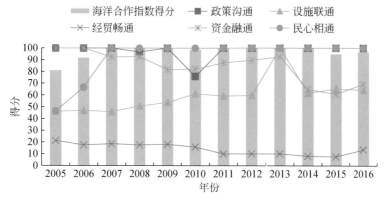

图 3-3 2005—2016 年俄罗斯海洋合作指数和一级指标得分变化趋势

俄罗斯政策沟通指标和民心相通两项指标得分一直维持高位,说明中俄两国在国家政策层面和民间层面的海洋领域合作均呈现出良好发展势头。中俄两国自 1996 年建立战略协作伙伴关系后,2011 年建立平等信任、相互支持、共同繁荣、世代友好的全面战略协作伙伴关系,2014 年起中俄全面战略协作伙伴关系进入新阶段,中俄关系处于历史最好时期。这也是我国在外交评述上唯一一个与中国建立"全面战略协作伙伴关系"的国家,是外交领域与我国关系最密切的国家之一。中俄在国际和地区事务中一直保持密切战略协作,有力维护了亚洲地区及世界的和平稳定。中俄两国良好的外交关系一方面归功于两国政策上的良好合作与统一,另一方面归功于长期良好的民间合作。2005—2016 年,两国建立的友好城市达 74 个,远超其他测评国家。友好城市协议的签订有利于加强城市间文化交流、开展民间多样化的合作方式、拓展多种合作途径,可见中俄两国在民间合作方面成果斐然,为两国海洋合作做出了有益的贡献。

俄罗斯资金融通指标年均得分为 84.46 分,尽管得分较高,但整体呈现出下滑趋势,相较 2005 年,2016 年俄罗斯资金融通指标下降幅度达 30.58%。资金融通和对外援助是我国拓宽外交关系的一项重要途径,但面对全球经济一体化的趋势,单一的资金援助已经不能满足对外合作的多样化发展,相应地,其在对外合作方面比重有所下降。同时,俄罗斯发达的国家经济也使其在资金援助等方面需求大大减少。但不可否认的是,多样化的经贸发展使得两国需要更多方式的金融合作以支持两国民营企业、国有企业以及各类合作的开展。但优势的合作基础功不可没,未来双方在金融领域必将形成更完善的合作。

设施联通指标俄罗斯得分处于中等偏上水平,平均得分为 59.61 分。该指标在所有样本国家中年均得分仅为 37.97 分,相较而言设施联通方面中俄两国成果较好。中俄两国均国土面积较大,人口众多,人口分布的地域性特征也十分明显,在基础建设领域需求较大。同时,两国均拥有较长海岸线,海运联通是两国重要的对外经贸合作窗口。从指标的时间序列上分析,2016 年设施联通指标较 2005 年上升幅度达 39.54%,上升趋势明显,显示出俄罗斯在设施联通领域仍然具有较高的上升空间。值得考虑的是,由于全球气候变暖和北极冰盖的消融,北极航道的开通已成为海运领域关注的焦点。中俄双方在北极航道的基础设施、航运船舶、港口建设等方面拥有巨大的合作空间,设施联通领域大有可为。

俄罗斯经贸畅通指标得分为五项分指标中最低的一项,年均得分仅有 14.06 分,并且呈现略微下滑的趋势,说明经贸合作方面俄罗斯在 34 个国家中并不占优势。值得指出的是,本研究数据为各指标国家间横向比较得出,并且多使用比值以减少国家经济体量对测评结果的影响。单从经济合作的体量上而言,中俄两国在经贸领域的合作成果无疑是巨大的,但若将数据整理为占比或比例,中俄两国经贸领域得分在测评国家中并不占太大优势。该得分结果一方面显示了中俄两国海洋领域合作的弱点,同时也指出了未来两国可在经贸合作方面进行更深入合作。

二、新加坡海洋合作指数得分分析

新加坡为东南亚国家中经济实力最强的国家,在经济、文化、教育等方面都已达到发达国家的水平。联合国曾有意将其列为发达国家,但新加坡官方表示新加坡发展时间短,工业基础还不稳固,谨慎地把自己列为发展中国家。因此,新加坡在东南亚国家中一直维持着"发达的发展中国家"形象。强劲的国家实力使得新加坡在海洋合作指数得分上一直维持较高水平,但地区的不稳定性也导致了中新两国海洋合作略有波折,见图3-4。

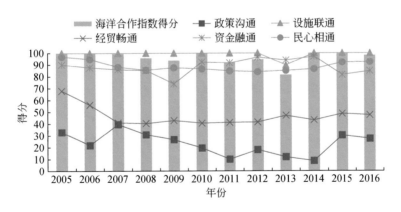

图3-4 2005—2016年新加坡海洋合作指数和一级指标得分变化趋势

新加坡五项分指标得分趋势差别较大,设施联通、资金融通和民心相通3个指标得分基本维持高位,但经贸畅通和政策沟通两个指标得分较低,为中新两国海洋领域合作带来负面影响。

新加坡的设施联通指标在2005—2016年基本维持排名第一,相较其他国家优势明显。作为东南亚国家中最发达的国家，新加坡凭借其优越的地理位置，在基础建设、开放程度和对外联通等层面均展现出不俗的实力。例如，新加坡是全世界网络最发达的国家之一，也是为数不多的能将手机信号覆盖全国的国家之一。新加坡港是亚太地区最大的转口港，也是世界最大的集装箱港口之一。该港扼太平洋及印度洋之间的航运要道，战略地位十分重要。新加坡航空在东南亚、东亚和南亚拥有强大的航线网络。整体而言，设施联通是新加坡对外合作领域的重点优势领域。

资金融通指标保持较高的得分，平均得分达到88.40分。由于东南亚国家与我国在地理区位上较为接近，历史上我国与该地区国家也保持常年贸易与金融合作，因此该项指标在新加坡得分较高。

民心相通指标在新加坡得分同样占据优势地位。新加坡科技发达，其教育和科技理念多继承自西方国家，因此展现出不俗的科技实力。中国现有很多学校与新加坡建立了合作关系，鼓励中国学生赴新加坡读书，从而构建中新两国较为坚实的科学与技术合作基础。新加坡各类大学和研究机构近年来也与我国科研机构开展了大量的合作研究，双方在科研成果和合作文章两方面成果显著，科技合作为双方民间交流带来了不可估量的力量。

尽管新加坡经贸畅通指标得分处于中等水平，但一直保持稳定态势。该标得分从2005年的67.99分下降至2007年的41.22分，此后一直保持在40分以上，并且有缓慢增加的趋势。中新两国的经贸近年来一直保持较为稳定的态势。由于新加坡国土面积狭小、自然资源严重匮乏，新加坡的外贸依存度是世界上最高的，可以说对外贸易就是新加坡的生命线。但整体而言，新加坡的对外贸易环境和我国的外贸环境有着很大的差别，两国的战略目标也有根本的不同。从20世纪70年代以来，新加坡开始逐步摆脱了仅依靠转口贸易维持生计的局面，逐步过渡到以高附加价值的资本、技术密集型工业和高科技产业为主的经济，进而发展到目前的信息产业等知识密集型经济。作为本国资源紧缺的国家之一，新加坡在经贸领域的转型无疑是成功的。相对而言，中国的剩余产能对新加坡仍有贸易空间，两国在经贸领域有较大合作空间。

相较同为第一梯次的俄罗斯，新加坡的政策沟通得分劣势较为明显，得分从 2005 年的 33.06 分下降至 2016 年的 27.58 分，2014 年出现最低值 8.83 分。针对中国南海部分海域和海岛的主权问题，两国在政策领域一直存在分歧，2013 年"南海仲裁案"事件后，地区性政治敏感度陡然上升，政策沟通指标得分相应有所下降。国家间政治合作是经贸、科技、社会等多方面合作的基础，中新两国政策沟通指标得分下降对两国海洋领域合作指数的综合评价发挥了负效应。分析结果显示，恢复与加强两国政策沟通交流，是下一步中新两国海洋领域合作的重点发展方向。

第三节 第二梯次国家海洋合作指数分析

根据"海丝路"国家海洋合作指数得分结果，第二梯次国家包括泰国、马来西亚、菲律宾、印度尼西亚、缅甸、巴基斯坦、越南和印度共 8 个国家，其中包含 6 个位于东南亚地区的东盟国家，2 个为南亚国家。东盟国家处于东南亚腹地，地理位置十分重要，同时各国均拥有大量港口和航运基地，因此与中国海洋合作指数得分较高。印度是南亚地区经济体量最大的国家，其国家实力和国际影响力不容小觑；巴基斯坦与中国常年保持友好关系，中巴两国长期共同进退，海洋领域合作成果同样十分丰富，见图 3-5。

整体而言，第二梯次国家海洋合作指数年均得分呈现缓慢上升的趋势。从第二梯次国家年均指数得分趋势来看，2016 年年均得分为 78.34 分，较 2005 年的 60.12 分上升幅度达 30.11%。从国家角度来看，不同国家指数得分结果发展趋势与优势领域截然不同。巴基斯坦、马来西亚、泰国、缅甸和越南得分呈上升趋势，其中越南、泰国上升幅度较大。印度尼西亚、印度两国得分基本保持稳定，变化幅度较小；菲律宾得分则下降趋势明显，为第二梯次国家中得分下降最快的国家。

本章将提取菲律宾、缅甸和巴基斯坦 3 个海洋合作发展规律较为典型的国家进行国别重点分析。

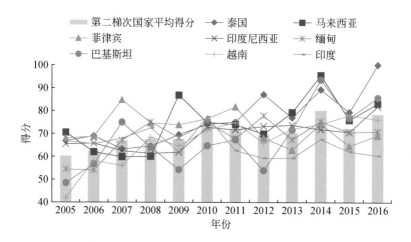

图 3-5　2005—2016 年第二梯次国家海洋合作指数得分变化趋势

一、巴基斯坦海洋合作指数得分分析

巴基斯坦与中国常年保持友好关系，在外交场合巴基斯坦向来对中国鼎力支持，面对印度的复杂形势，中巴更是长期共同进退。可以说，巴基斯坦已经成为中国现阶段最值得信赖的伙伴之一。巴基斯坦位于印度洋北侧，尽管海上力量受印度影响较大，但其在与中国的海洋领域合作中仍占据了相当重要的地位。整体来看，尽管巴基斯坦海洋合作指数得分波动较大，但一直维持上升趋势，从 2005 年的 48.29 分上升至 2016 年的 85.63 分，上升幅度达到 77.33%，势头迅猛。其中 2008 年和 2012 年指数得分略有下降，2014 年达到峰值 93.50 分，在所有样本国家中排名第 3，见图 3-6。整体而言，2012 年指标得分的下降是受到国际金融危机和巴基斯坦国内安全形势恶化的影响，如 2012 年巴吸引外资仅 7.6 亿美元，同比下降 38%，国家安全领域巴基斯坦也发生了坠机事件等一系列问题，导致国家对外合作进程减缓。

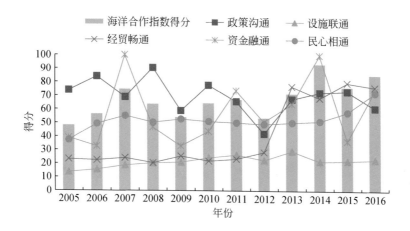

图 3-6　2005—2016 年巴基斯坦海洋合作指数和一级指标得分变化趋势

　　不同指标对巴基斯坦海洋合作得分贡献不同。巴基斯坦政策沟通指标得分一直处于高位,2012 年有所下降,但其后迅速回升。巴基斯坦在国际场合上对我国的支持由来已久,它是最早承认我国的国家之一,1961 年巴政府在联合国大会表决恢复我国在联合国合法权利的提案时投票赞成,并在其后一直支持恢复中国在联合国的合法权利,这对我国争取联合国权益方面做出了极大贡献。此后中巴两国领导人坚持频繁互访,两国友好合作关系继续得到了巩固和发展。进入二十一世纪以来,中巴全面合作伙伴关系进一步深入发展,双方高层接触频繁,政治互信不断增强。

　　2012 年起,巴美两国高层逐渐恢复接触,包括美方就越境空袭事件正式道歉,巴基斯坦随后重开北约后勤补给线等,两国关系逐步得到改善。2013 年巴总理访美,双方同意建立持久合作伙伴关系,美方宣布恢复向巴提供经济和军事援助,这为双方合作创造了更有利的平台。巴基斯坦对美恢复友好关系对中巴两国关系带来了一定冲击,但整体政治合作仍维持高位。2015 年中巴两国成为"全天候战略合作伙伴关系",这是目前为止中国在对外合作伙伴关系方面的最高评价。全天候战略合作伙伴关系指的是,无论国际局势如何变化,无论巴基斯坦国内局势如何变化,中巴之间的友谊不变,未来必将持续开展系列合作，且稳定的合作关系将不受任何国际国内形势变化影响，表明中巴两国国际关系推进至新高度。

中巴两国在资金融通领域合作一直维持着较高水平，平均得分为 57.91 分，资金融通是带动中巴两国合作的重要手段。民心相通指标得分稳定，具有缓慢上升的趋势，说明中巴两国在民间交流领域具有稳定的合作基础与发展势头。设施联通指标虽较为稳定，但一直保持低位，平均得分为 21.61 分。尽管两国均在基础建设领域达成产能互补的合作关系，地理位置的不利和国际形势的多变性却导致两国在设施联通方面并不具备太多的合作优势。但"中巴经济走廊"的建设为两国在基础设施、资金融通等领域带来了一剂强心针。该走廊长约 2700 公里，是一条包括公路、铁路、油气和光缆通道在内的贸易走廊。它将中国的新疆与巴基斯坦的瓜达尔港连接起来，是"一带一路"南缘的重要节点。该走廊于 2013 年开始启动建设，2015 年双方确定以走廊建设为中心，以瓜达尔港、能源、交通基础设施、产业合作为重点的"1+4"合作布局。目前，该走廊各项建设稳步推进，其中包括基础设施、港口、电力等方面。"中巴经济走廊"必将带动两国大量合作，设施联通方面两国未来发展潜力巨大。

经贸畅通指标是巴基斯坦五项一级指标得分中上升最快的一项，得分由 2005 年的 23.28 上升至 2016 年的 76.71，上升幅度达到 229.59%，呈现"爆炸式"增长。其中上升最快的年份为 2013 年，得分由 28.51 上升至 76.94，并在此后一直维持高位。中巴自贸协定第一阶段于 2006 年签订，其中关税减让进程在 2007 年全面启动。2009 年两国正式签署《中国-巴基斯坦自由贸易区服务贸易协定》后，中国就成为巴第二大贸易伙伴。自贸协定达成之后，中巴两国之间的贸易迅速发展，通过贸易往来，两国之间实现了资源优势互补。2013 年是我国提出"21 世纪海上丝绸之路"倡议之年，巴基斯坦作为我国国际合作最重要的伙伴之一，经贸领域的积极响应不仅拉动了中巴两国经贸合作关系，同时为两国海上交通和贸易运输等多领域打下了基础。经贸合作势必成为拉动两国海洋领域合作的重要领域。

二、菲律宾海洋合作指数国别分析

中菲两国自 1975 年建交以来，关系总体发展顺利，各领域合作不断拓展。中菲高层互访不断，在教育、科技、文化、旅游、国防、执法等领域的交流与合作不断深化。但由于菲律宾执政领导人的变换以及执政方针的变动，中菲两国在 2011 年后 5 年时间内没有任何联合声明或联合公报等文件出台，同时 2013 年 "南海仲裁案"事件导致中菲两国关系急速恶化。2016 年杜特尔特的上台使得中菲两国恢复高层领导人友好往来，海洋领域合作仍然大有可为。

菲律宾海洋合作指数较为稳定，但时间发展上看，得分整体呈现下滑的走势（图 3-7）。尽管 2007 年和 2010 年得分各出现一次上升，但随后迅速回落，整体得分维持在 65 分左右。得分最低值出现在 2013 年，这与中菲两国政治合作的中断和地区局势的紧张息息相关。从五项分指标来看，菲律宾各指标贡献不同，但均呈现较为明显的下滑趋势。

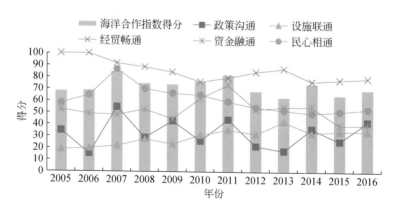

图 3-7 2005—2016 年菲律宾海洋合作指数和一级指标得分变化趋势

政策沟通分指标波动较大，且位于中下位置。2007 年政策沟通指标最高得分为 54.45 分，2013 年最低得分为 17.55 分。中菲两国政策沟通和外交关系是决定国家间经贸、社会、科技、民间合作等的基础，国家政策导向的变动将对合作带来决定性影响。从目前来看，中菲关系正处在稳定的发展阶段，友好合作已成为两国关系发展的主流。但中菲关系仍存在一些现实问题，其中南海部分岛礁和海域的争端是最敏感、最主要的一个矛盾。中国南海海域与南沙群岛是我国的神圣领土，这一立场是确定无疑不可动摇的，而菲政府也坚持对其所占的 8 个岛礁拥有主权。对于南海问题，和中国维护南沙海域稳定的一贯主张不同，菲律宾政府在该问题上的言论随着国内和国际因素的影响不断发生变化。当执政党面临一些国内问题无法解决而需要将国内矛盾加以转移时，当菲律宾政府需要在国家安全方面得到美国更多支持时，南海问题便是一个绝佳的切入点（吴杰伟，1999）。与美国的特殊关系及菲律宾国内的政治、经济等问题，使得菲律宾政府短期行为和政策缺乏延续性，这是发展中菲友好关系的一个障碍，也是中菲两国关系时起时落的主要原因（方拥华，2005）。

经贸畅通分指标是菲律宾海洋合作指数得分贡献最高的指标之一。2005—2006 年菲律宾经贸畅通指标排名为测算国家中第一位，展现了强劲的双边商贸合作实力。但 2007 年起该指标得分出现下滑，2016 年相较 2005 年得分下降幅度达到 20.85%，双边贸易呈现疲态。中菲经贸合作是维系两国合作的重要部分，尽管双方在该合作项目上取得了不错的成绩，但客观地讲，中菲经贸合作领域仍存在着不少问题。菲律宾与中国同属发展中国家，经济发展水平接近。菲律宾是以农业为主的国家，农业人口占总人口的 2/3 以上。菲产业结构层次不高，加工工业仍然以资源密集型和劳动密集型工业为主，且中菲双方的科技水平上并没有太多互补优势，这使得双方的经济、贸易有一定的竞争性，在很多基础工业和手工业上与我国处于水平型分工状态。两国在经贸合作领域难以寻找切入点，因此合作成果较其他国家并不突出。此外，由于两国存在着影响双边经济合作顺利发展的政治、安全等诸多复杂因素，与中国和东盟其他一些主要成员国相比，中菲经贸关系的发展过程较为曲折，未来势必要在该领域寻找新的合作方向。

菲律宾民心相通指标也呈现"起高走低"的态势,2005—2007年该指标一直呈现上升趋势,2007年出现峰值86.46分。但此后该项指标一直保持稳定下滑态势,2016年指标得分52.91分,相较2005年下降8.54%,相较2007年下降38.81%。民心相通指标一方面代表了两国海洋科技合作的成果,一方面反映两国文化与人才交流情况。自南海争端升级后,菲律宾民间反华情绪加重,导致了中菲两国经贸、商业、金融等多方面合作紧张,为"一带一路"战略在菲律宾的实施带来了困难。

菲律宾资金融通指标波动较大,但整体情况稳定。较为明显的变化始自2011年,该指标一直处于下降状态。与其他指标不同,设施联通指标在菲律宾呈现小幅上升的走势。这一方面是由于菲律宾优势的地理位置奠定了该国对外联通方面的重要地位,另一方面也是由于设施联通指标本身的特征所致。国家设施联通不同于经贸或民间合作,大多数设施的运营基于两国签署多年的合同,并且部分海底油气管道和跨国电缆掌控着国家基础资源和生命线,无法简单地进行单方面毁约,因此该项指标整体波动较小。

三、缅甸海洋合作指数得分分析

中缅两国是山水相连的友好邻邦,两国人民之间的传统友谊源远流长。自古以来,两国人民就以"胞波"(兄弟)相称。建交以来,两国双边关系一直保持平稳向前发展。20世纪中缅两国领导人互访频繁,尽管进入21世纪后双方领导人互访频率有所下降,但中缅经贸合作取得长足发展,合作领域从原来单纯的贸易和经济援助扩展到工程承包、投资和多边合作,双边贸易额逐年递增。贸易合作已成为带动我国与缅甸海洋领域合作的重要途径。

缅甸海洋合作指数得分整体呈现上升趋势,2016年得分为70.87,相较2005年的54.36分,上升幅度达30.39%。在测算的12年内,除2005年、2006年两年外,中缅海洋合作指数得分全部维持在60分以上,70分以上年份有6年,2014年达到峰值77.77分(图3-8)。五项分指标得分对缅甸海洋合作指数得分贡献各不相同，下文将对重点指标进行分析。

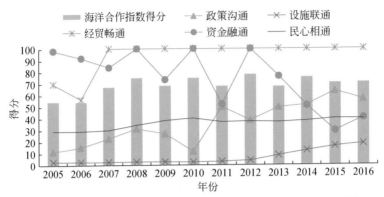

图 3-8   2005—2016 年缅甸海洋合作指数和一级指标得分变化趋势

经贸畅通指标在缅甸占据绝对优势，并且，在所有测算的 34 个国家中，由缅甸将该指标最高分提升太多，导致其他国家该项指标得分普遍较低。这一方面说明，本研究选用的标杆分析法在国家间指标数据两极分化较大时对于测算结果影响较大，另一方面也说明缅甸对中国的外贸依存度比重极大。中国为缅甸第一大贸易伙伴，中国对缅甸主要出口机电、纺织原料及制品、贱金属及制品、车辆及部件、化工品等五大类工业制成品，占缅甸进口总额的 80% 左右；从缅主要进口木材及木制品、植物产品、矿产品、塑料制品和水产品等五大类原材料和初级产品，占缅甸出口总额 80% 以上。为帮扶缅甸发展经济，扩大从缅甸进口产品的种类，我国曾先后两次宣布单方面向缅甸共计 220 个产品提供对华出口特惠关税待遇。根据商务部统计数据，缅甸前五大进口国为中国、新加坡、泰国、日本和印度，其中中国占据绝对优势。中缅贸易额从 2004 年的 11.5 亿美元，增至 2014 年 90.5 亿美元，年均增长 22.9%。2014 年，中缅贸易额占缅甸外贸总额的 33.2%，中国无疑坐稳缅甸第一大贸易伙伴、第一大出口市场和第一大进口来源地地位。中缅双方在剩余产能领域上十分互补，因此带动了大量国有和私有企业进行合作。2014 年，缅甸利用外资近 80 亿美元，其中，中国协议投资金额 2.95 亿美元，同比增长 43.8%。截至 2014 年底，中国累计对缅协议投资金额 146.7 亿美元，占缅甸累计利用外资总额的 27.7%，居外国对缅投资第一位。中国对缅投资主体是国有企业，与缅甸投资合作对象集中在官方或军方企业；对缅投资以资源开发为主，水利、油气、矿产几乎占中国对缅投资全部。

资金融通指标也是拉动缅甸海洋合作指数得分的重要指标之一，但该指标时间尺度上呈现逐渐下滑的趋势。2005 年，中缅该指标得分为 98.17 分，在五项指标中排名第一，2016 年指标得分仅为 40.43 分，下滑速度极快。缅甸由于国家体量较小，经济实力较弱，一直是我国金融支持的主要对象。但近年来两国产能领域的互补输出占据了中缅合作内容的绝大部分，合作模式也由原本的资金援助为主发展成经贸合作为主。另外，值得关注的是我国对外合作模式近年来已由金融合作和资金援助为主转变为多种合作方式共同发展。这一方面是出于经济全球化深入发展，各国相互联系和依存日益加深的现实需求，另一方面也是迫于西方国家对我国以往援助合作模式施加压力所致。一直以来，大量西方言论致力于抹黑中国的援助方式，认为中国以金融援助影响他国政府，甚至干扰他国内政，并多次以此在国际场合对中国施压，干扰我国对外金融合作。但随着大量中国企业的"走出去"，中国逐渐成为世界领先的经济体（陈默，2014；薛澜和翁凌飞，2018）。在我国多年援助经验总结下，我国已形成一套属于自己的与时俱进的援助方式，中国在实践中也总结出更加完善和有针对性的对外援助方法，在"授人以鱼"的同时做到"授人以渔"，并向作为主流国际援助发展理论核心的官方发展援助提出了挑战（张碧琼等，2008；张海冰，2011）。未来，资金融通指标在对外援助发展指示领域，将有更多应用。

民心相通和政策沟通两项指标基本位于中间位置，并且基本保持稳定的上升趋势。中缅两国坚实的友谊和开放的合作环境，是奠定我国与缅甸友好合作环境的基础，也是保证合作成果质量、数量增长的关键。由于缅甸国家整体经济实力较弱，并且连年战乱和政党的不稳定性对国家经济、国家政策以及民众生活环境带来了负面影响，因此设施联通指标在 2005—2011 年一直维持较低的态势。但 2013 年起，设施联通指标出现了明显的上升趋势，缅甸基础建设和设施完善进入了增长期，凭借其优越的地理位置和近年来国家经济实力的增加，该项指标未来成果可期。

第四节　第三梯次国家海洋合作指数分析

"海丝路" 国家海洋合作指数第三梯次国家包括波兰、土耳其、斯里兰卡、埃及、柬埔寨、希腊、以色列、阿曼、文莱、乌克兰和孟加拉国共 11 国。第三梯次国家中，柬埔寨和文莱为东盟国家中排名最末；波兰为中东欧国家中排名第一，且除波兰外其他测评的中东欧国家均排在第四梯次；此外还有 4 个西亚国家和 3 个南亚国家，以及乌克兰。第三梯次中包含各地区国家，是测算梯次中组成最为复杂的一个，见图 3-9。

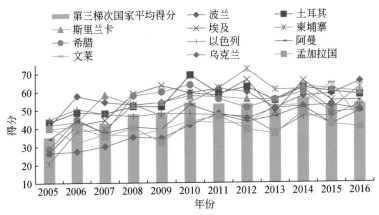

图 3-9　2005—2016 年第三梯次国家海洋合作指数得分变化趋势

第三梯次国家海洋合作指数年均得分整体呈现较为统一的上升趋势，2005 年平均得分为 35.28 分，2016 年得分为 53.35 分，增长幅度为 51.20%。从测算时间尺度上来看，第三梯次国家由于原始得分值较低，尽管得分处于测算国家中偏下位置，但上升趋势明显，并且第三梯次国家中得分基本呈现一致的上升态势，并未出现某一国家得分走向明显下滑，表明该梯次中国家海洋领域合作发展态势基本一致。

本章节中提取斯里兰卡和波兰两个合作发展规律较为典型的国家进行重点分析。

一、斯里兰卡海洋合作指数得分分析

中斯友好交往历史悠久。斯里兰卡在中国典籍中称为师（狮）子国或僧伽罗国。明代航海家郑和下西洋时多次抵斯，15世纪斯一王子访华，回国途中在福建泉州定居，被明朝皇帝赐姓为世，其后代现仍在泉州和台湾定居。近年来中斯两国关系发展良好，在许多重大国际和地区问题上拥有广泛共识，保持良好合作。中国一直在人权问题上坚定支持斯方，多次在国际场合为斯仗义执言。斯政府在台湾、涉藏、人权等问题上也一贯给予中国坚定支持，两国在外交上维持良好关系①。

斯里兰卡海洋合作指数得分整体呈现稳定的上升趋势，并且2005—2016年的12年间并未出现得分明显下降，说明中斯两国海洋领域合作上升稳定，合作形势良好。2016年得分59.67分，相较2005年的41.65分上升幅度为43.24%，上升速度较快。在测算的12年区间内，除2005年、2006年初始的两年外，中斯海洋合作指数得分全部维持在50分以上，2014年达到峰值62.92分（图3-10）。五项分指标得分对斯里兰卡海洋合作指数得分贡献各不相同，下文将对重点指标进行解释。

政策沟通指标在斯里兰卡五项一级指标中得分优势明显。该指标除2007年得分陡然上升达到70分以上外，其他年份基本保持稳定，仅在2011年一年得分低于50分。2007年是中斯建交50周年暨"中斯友好年"，两国在该年份达成了多项合作谅解备忘录，对政策沟通指标在2007年的得分上升贡献较大。尽管中斯两国在海洋政策沟通领域合作成果斐然，但斯国内政治形势的

---

① 中国同斯里兰卡的关系. 中华人民共和国外交部. [EB/OL]. https://www.fmprc.gov.cn/web/gjhdq_676201/gj_676203/yz_676205/1206_676884/sbgx_676888/. [2018-9-26].

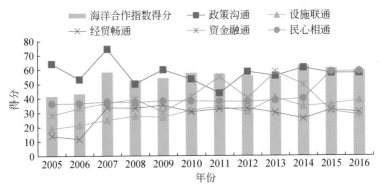

图 3-10　2005—2016 年斯里兰卡海洋合作指数和一级指标得分变化趋势

变化对斯里兰卡的对外合作影响较大。斯里兰卡独立后，泰米尔人于 1972 年成立了"猛虎组织"（1976 年改称"泰米尔—伊拉姆猛虎解放组织"），走上"独立建国"的道路。该组织多年来制造了大量暗杀、武装袭击、恐怖事件等，对斯国内安全造成了威胁，也影响了该国对外交流的进程。2009 年斯里兰卡政府军战胜了"猛虎组织"，宣布斯里兰卡内战结束，但小范围的安全威胁仍然存在，部分地区暴力事件时有发生，对斯国家安全造成威胁，也为斯对外开放带来了不稳定的负面影响[①]。

　　民心相通指标得分十分稳定，2015 年起出现大幅上升，说明两国在民间交流活动上升，合作势头良好。斯里兰卡又有"印度洋上的明珠"之称，该国风景秀丽，多年来一直是世界旅游胜地。近年来由于我国大众生活水平的提高和生活质量的上升，出境游逐渐成为假期的重要外出选择，出境旅游的人数逐年上升。自 2003 年斯里兰卡正式成为中国公民出国旅游目的地国后，我国赴斯里兰卡旅游的人数上升迅速，2016 年中国公民赴斯旅游约 26 万人次，创下新高。同时，作为印度洋上的重要港口所在国，我国大量科考船选择停靠斯里兰卡进行补给，随着我国海洋科考力量的上升，中斯海洋科研领

---

① 斯里兰卡国家概况. 中华人民共和国外交部．［EB/OL］. https：//www. fmprc. gov. cn/web/gjhdq_676201/gj_676203/yz_676205/1206_676884/1206x0_676886/.［2018-9-20］.

域合作必将更上一层楼。

经贸畅通指标在斯里兰卡的起点得分较低，但爬升势头明显，得分呈稳定上升的态势。斯里兰卡最重要的出口产品之一是锡兰红茶，该国亦为世界三大产茶国之一，因此国内经济深受产茶生产与外贸情况的影响。我国作为茶叶消费大国，本国茶叶品种多、产量丰富，对进口茶产业的需求量较少。但近年来因对外开放的进程加快，国人茶叶产品的选择增多，锡兰红茶在我国变得常见，茶叶领域合作成为两国经贸合作的重要一环。斯里兰卡第二个优势在于其矿业。作为一个宝石矿藏丰富的岛屿，斯是世界前五名的宝石生产大国，又被誉为"宝石岛"。矿业为斯带来大量发展优势，每年宝石出口值可以达 5 亿美元，红宝石、蓝宝石及猫眼最出名。我国近年来对于贵金属和宝石行业的大量消费需求必将带动中斯两国宝石行业交流合作。

设施联通指标上升趋势稳定，测算的 12 年间一直处于稳定的上升状态，其中 2013 年上升速度最快。斯里兰卡位于印度洋的中心地带，其关键的地理位置决定了该国是印度洋航运的中心。但由于斯里兰卡国家经济发展较慢，基础设施尚不完善，面对愈加繁重的航运交通其港口容纳量明显不足，因此基础设施的建设在斯里兰卡尤为重要。中国作为基础建设大国，在该领域拥有大量剩余产能，可与斯里兰卡进行互补合作。

资金融通指标上升明显，其中 2011 年、2013 年两个年份上升速度最快，其余年份指标得分仍然呈现平稳上升的态势。近年来斯里兰卡频频遭受极端天气的侵害，我国为斯里兰卡提供了大量资金支持和人道主义援助，如 2009 年帮助斯政府安置北部地区流离失所的平民；2011 年为斯特大洪水和泥石流灾害提供人道主义物资援助和现汇援助；2013 年为斯暴雨灾害提供现汇援助；2014 年严重洪涝灾害后向斯捐赠救灾物资；2016 年山体滑坡和洪灾后捐赠救灾物资，等等。尽管众多金融援助使得资金融通指标在斯里兰卡得分较高，但并不能成为维持两国金融合作长久且有效的方法。中斯两国近年来良好的商贸合作和旅游合作必将带动资金融通领域的开发，同时金融合作又势必推动商贸合作更好发展，两者相辅相成，必将为中斯两国海洋领域合作带来巨大动力。

71

二、波兰海洋合作指数得分分析

20世纪50年代起,中波关系处于全面发展时期,两国相互支持、密切合作,高层互访频繁。从50年代末起,随着中苏关系逆转,中波关系也日渐疏远,高层往来逐步中断。80年代起,通述中国在波兰国内政局动荡时期向波兰提供了长期无息贷款的方式和低息贷款商品,两国表现出改善彼此关系的良好愿望和行动。此后,中波关系开始走向正常化。1997年波兰总统对中国进行的国事访问是38年来波兰国家元首第一次正式访问中国,两国元首签署了《中华人民共和国和波兰共和国联合公报》,此后两国交往日渐频繁,合作进程加快,合作成果也趋于丰富。

波兰海洋合作指数得分整体处于波动趋势,并且呈现一定的周期性(图3-11)。整体得分中,2005年初始值最低,仅为40.97分,其后得分一直维持在50分以上。2007年和2008年两年相比之前略有下降,其后维持上升状态,2013年得分下降,其后重新恢复上升趋势。2016年得分相较2005年上升幅度为59.80%,上升态势明显,说明尽管近年来中国与波兰海洋领域合作指数得分有所波动,但整体还是维持了较平稳的上升态势。波兰五项一级指标得分差异较大,对海洋合作指数贡献不同。

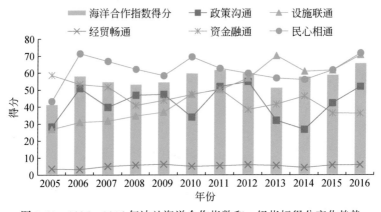

图3-11 2005—2016年波兰海洋合作指数和一级指标得分变化趋势

民心相通指标是中波两国海洋领域合作中优势较为明显的指标。早在1951年我国与波兰签订了文化合作协定，这是我国第一个与东欧国家签订的文化协定。其后两国在文化艺术领域合作密切，两国共同开展了多个大型文化节、艺术节等活动，尤其在音乐剧、歌剧、话剧等领域开展了密切的交流活动。大量艺术文化活动为两国开拓了民间交流途径，中波两国也建立了大量友好合作城市，数量在中东欧国家中名列第一。相较而言，政策沟通指标得分较低，但基本处于较为平稳的状态。中波两国近年来一直保持了良好的合作关系，但领导人互访等活动并不频繁，多数是各部委级领导人员会晤，因此该项指标得分并不高。但频繁的民间活动为两国相互了解、合作共赢奠定了良好基础，未来中波两国合作势必更加密切。

设施联通指标是波兰海洋领域合作指数分五项指标中得分上升速度最快的一个，2016年得分相较2005年上涨幅度达165.50%，说明两国在海洋设施联通领域合作发展迅猛。波兰正处于国家经济与基础建设迅速发展时期，基础设施的快速构建为国家经济建设奠定了基础。中波两国在铁路运输领域已有多年合作经验，中波铁路也已开通。同时，波兰海运领域与我国合作密切，格但斯克港是波罗的海唯一有中文网站的港口，对中国海运在该区域开展合作提供了便利。

相较而言，资金融通指标呈现出较为明显的负增长趋势，中波两国在金融领域合作呈现下降态势。经贸畅通指标波兰得分明显低于其他领域，由于波兰国家经济体量较小，难以发展大宗商贸交易；同时波兰身为欧盟国家，其经济形势大多决定于欧盟，与中国在经贸领域难以开展大量合作，为中波两国商贸和经济领域发展带来了局限性。

第五节　第四梯次国家海洋合作指数分析

根据"海丝路"国家海洋合作指数得分结果分析，第四梯次国家包括克罗地亚、罗马尼亚、立陶宛、塞浦路斯、爱沙尼亚、保加利亚、卡塔尔、也门、巴林、拉脱维亚、马尔代夫、阿尔巴尼亚和黎巴嫩共 13 个国家。其中 7 个国家位于中东欧，5 个国家位于西亚，还有南亚国家中排名最末的马尔代夫。第四梯次国家地理区位优势程度较低，与其他国家联络成本高，且地理位置均距我国较远。此外，第四梯次国家普遍存在国家经济体量较小、政治形势不稳定或社会安全受到威胁等问题，对国家对外合作带来不同程度的负面影响。

整体来看，第四梯次国家平均得分在 29 分左右，得分稳定且保持上升势头。第四梯次国家年均最低得分为 2015 年的 25.88 分，2016 年较 2005 年上升幅度为 15.47%，上升势头较为稳定。2010 年后得分基本维持在 30 分以上，最高得分出现在 2014 年，为 33.27 分。不同国家得分基本差距较小，除黎巴嫩得分最末以外，其他国家得分基本保持在 20 分以上（图 3-12）。

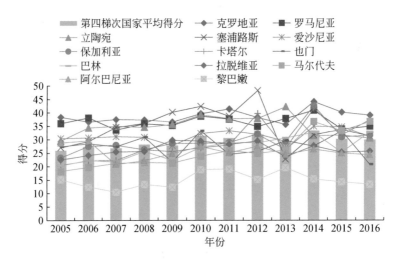

图 3-12　2005—2016 年第四梯次国家海洋合作指数得分变化趋势

第四梯次国家经济体量均较小，国家经济形势并不稳定，或经济产业较为单一，因此在对外合作上与前三梯次国家相比并不占优势。此外，中东欧以及西亚地区由于民族主义、极端分子等安全问题，国家政治形势稳定性较低，对国家经济发展和对外合作产生严重制约。国际合作是国家经济、社会、

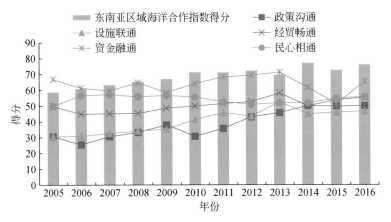

图 4-1　东南亚区域海洋合作指数及一级指标得分趋势

定，但 2014 年起未见上升趋势，得分基本持平。中国与东南亚地区国家在政策沟通方面面临的最大困境就是中国南海部分海域和海岛争端。该争端一方面属于历史遗留问题，另一方面域外大国近年来妄图插手南海事务，以军事力量、政治压力等多方面手段进行干预，对地区稳定带来了阻力。南海争端白热化的进程基本从 2009 年开始。2009 年 3 月 10 日，菲律宾总统阿罗约签署"领海基线法"，将黄岩岛和"卡拉延群岛"置于菲"主权"之下，实行岛屿制度。同年 4—5 月，美菲两国海军联合举行"肩并肩 2009"军事演习，其内容即为美军支援菲军在南沙岛礁附近海域实施作战。同年，越南向联合国大陆架界限委员会单独提交了南海"外大陆架划界案"，未能进入审议程序（贾宇，2012）。2010 年 2 月，菲政府正式批准英国 Forum Energy 石油公司在南沙群岛附近的礼乐滩海域进行石油勘探。2011 年 5 月，马来西亚与越南一起正式向联合国大陆架界限委员会提交《200 海里外大陆架划界案》，将包括南沙群岛在内的南海南部大部分海域作为马越两国共同拥有的外大陆架，未能进入审议程序①。此外，印尼、文莱等国均在中国南海占领了部分岛礁，

---

① 葛全胜，何凡能．中国南海诸岛主权归属的历史与现状 ［N/OL］．科学网．http://news.sciencenet.cn/htmlnews/2016/7/351063.shtm.［2018-9-25］.

并采取了相应措施以保障本国主权。日本、美国等国在南海问题上也与中国站在了对立面。2009 年，美国推出"亚太再平衡"战略，逐渐"强势介入"南海问题。2010 年 7 月，在越南河内举行的东盟地区论坛会议上，美国国务卿希拉里高调介入南海争端，日本紧随美国在南海问题上向中国发难，致使南海问题再次成为该论坛争论的议题。由以上事件可见，2010 年东南亚国家的政策沟通指标得分迅速下降是地区稳定影响下的集中反映。2013 年以来，菲律宾的"南海仲裁案"使得南海争端再次成为全世界焦点，中国与东南亚地区国家的外交关系和海上关系极度恶化。指标得分上也能有所体现，政策沟通指标得分自 2014 年起连续 3 年持平，这与此前 5 年的持续上升态势出现明显差别，说明中国与东南亚国家在政策沟通层面仍面临着诸多问题亟待解决。

资金融通指标是东南亚国家优势指标之一，测算年间得分基本保持在 60 分以上，最高得分出现在 2013 年达到 71 分，但 2014 年起开始下降，2015 年达到最低分 51 分，2016 年略有回升但并未恢复原有水平。中国与东南亚国家的合作领域较为广泛，构建更加紧密的中国—东盟命运共同体，金融合作必将扮演重要角色。东盟和中国在金融领域的合作已经超过 15 年，且一直在"10+3"框架下寻求金融合作。开发性金融在支持基础设施、基础产业等方面发挥着关键作用。整体而言，中国—东盟金融开放合作的内涵丰富、基础扎实、前景广阔。中国已对东盟地区开放了大量金融业合作，如加大中国—东盟金融机构开放力度，放宽金融机构准入条件，鼓励中国和东盟国家金融机构到对方国家设立更多法人机构或分支机构、合资银行等，不断完善多边金融服务体系，推动中国—东盟金融市场协同发展。但东南亚地区各国金融制度的落后为合作带来了诸多不便，如东盟大部分国家金融机构仍背负着大量的不良贷款，市场体系不完善，行政管理制度混乱且具有随意性，导致监管效率低下，合作制度化建设落后，等等。以上问题均为中国与东南亚地区金融合作带来了负面影响，亟待解决。

东南亚地区是世界上最具发展活力的地区之一，是中国推进"一带一路"建设与扩大对外开放的重要区域,同时也是中国最重要的对外经贸合作区域。中国已连续数年成为东盟最大的贸易伙伴,中国与东南亚地区国家的经贸合作指标优势明显。从指标结果来看,尽管指标得分绝对值并不十分突出,但指标得分未出现某一年份明显下降,经济危机也未对该地区经贸畅通指标带来太大影响。这一方面体现出中国与该地区经贸合作基础坚实,另一方面指标绝对值较低也反映出,尽管中国与东盟经贸合作成果突出,但合作对象较为单一,个别国家由于经济欠发达使得该领域合作较为困难,未来仍有合作空间。从发展阶段上看,中国经济和东南亚一带有非常强烈的互补作用。从中国经济状况看有两大优势:第一,国内市场和人口规模巨大,而且处于经济发展的上升期,对东南亚地区国家具有较高的吸引力;第二,中国市场发展迅速,国内企业向国外扩张的速度远超想象,在"一带一路"倡议下让企业走出去,在发达国家可能会遇到困难,但在东南亚地区发展中国家会畅通无阻。

民心相通指标也是东南亚地区优势指标之一,除 2005 年外所有年份得分均保持在 50 分以上,相较其他地区得分优势明显。中国与东南亚国家民间交流历史源远流长,部分东南亚国家如马来西亚、菲律宾、印尼等拥有大量华裔,如今已形成大量华裔社区,为中国与东南亚民间交流带来便利条件。此外,东南亚地区由于天然的热带环境和优越的地理条件,一直是我国旅游的热门目的地,旅游带来的人员流动和经济消费也是促进地区间交流的重要因素。设施联通指标在 2005 年得分并不突出,但 2016 年该指标与其他指标得分基本趋于一致,上升明显。东南亚地区地理位置优异,印度洋周边几个重要海峡如龙目海峡、巽他海峡、马六甲海峡等交通要道均位于东南亚区域,这些航运要冲优势使得该区域成为世界航运的中心,对地缘政治、海权领域等多方面拥有巨大影响。由指标得分可见,该区域设施联通指标得分在 2005—2016 年一直维持稳定的上升趋势,未来必在长时间内维持稳定的中心地位。

第二节　南亚区域海洋合作指数分析

中国在南亚推进"一带一路"建设已取得积极进展。当前该地区局势态势复杂，印度的崛起助长了其强化地区主导权的动力与野心，近年来希望实现大国抱负的动向也越来越明显。巴基斯坦内忧外患发展受阻，阿富汗恐怖主义活动外溢加剧地区动荡等，这些因素的叠加使中国在南亚推进"一带一路"面临的政治安全风险大幅上升。中国需迎难而上，在重视中印关系、破解合作困境的同时，运筹好与南亚中小国家的关系，并发挥"中巴经济走廊"的地区辐射作用，以提升中国与南亚的区域合作水平，拓展"一带一路"倡议在南亚建设的合作空间。

中国与南亚地区海洋合作指数得分呈现周期性特征，总得分基本在3—4年出现一个周期，起伏明显，但整体仍然呈现上升态势。2005—2009年呈现出一个周期，期间2007年得分最高为51.48分；2009—2012年呈现一个周期，期间最高得分出现在2010年，为53.38分；2014年得分明显上升并出现测评最高得分61.84分，这与2014年习近平主席访问南亚三国事件息息相关；2015年得分回落至55.03分，并在2016年得分略微上升（图4-2）。

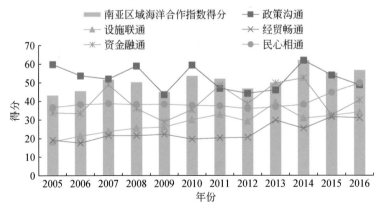

图 4-2　南亚区域海洋合作指数及一级指标得分趋势

　　政策沟通得分在南亚地区占据明显优势，2005—2016年整体平均得分为52.21分，最高分为2014年的61.74分。从南亚政策沟通指标得分的波动性可见，国家政策领域合作并没有较为统一的发展趋势，因为政治合作和双边关系多决定于国家自身情况，难以找到稳定的发展规律。同时，国家间对外合作易出现滞后性，国家领导人访问、联合发表的公报、外交文件的签署等均需两国外交部门长期复杂的协调过程，并且部分成果在沟通过程中也易进行改动，因此难以形成实质性成果，对于指标测算和结果分析带来一定难度。同时，多数国家政策交流涉及的大型事件具有偶然性，如大型自然灾害、换届选举、国家领导人去世，等等。这些外交事件无法预测，具有极强的突发性。2014年南亚地区政策沟通指数得分的陡然上升是由于2014年9月习近平就任中国国家主席后首次南亚之行导致。该访问共涉及马尔代夫、斯里兰卡、印度三国，是中国最高领导人践行"一带一路"构想及"亲、诚、惠、容"周边外交方针的重大外交行动，是推动中国与南亚国家关系跨越式发展的重要动力。在印度，中方承诺帮助印度改造升级老化的铁路系统，投资建设两个工业园。在马尔代夫，习近平主席与亚明总统共同为中方承建的马尔代夫住房项目和拉穆环礁连接公路项目揭牌。两期住房工程能满足马尔代夫近5%的人口的住房需求。在斯里兰卡，习近平主席与拉贾帕克萨总统共同见证科伦坡港口城开工，并出席中斯重要合作项目——普特拉姆燃煤电站视频连线启用仪式。该次会面中，仅印度一国双方领导人就见证了10余项合作文件的签署。由于该访问使得中国与南亚国家在2014年度合作陡增，因此该指标得分也上升迅猛。

　　资金融通在南亚地区指标得分较高，是中国与南亚国家的重要合作领域。中国与南亚国家建设了"中巴经济走廊""孟中缅印经济走廊"等各类金融合作形式，以满足资金领域合作的巨大需求量。印度作为南亚地区人口最多的国家，多个领域资金缺口巨大，中国已承诺向印度工业和基础设施发展项目投资200亿美元。巴基斯坦外汇储备已经进入中国银行间交易市场，正在积极推动人民币储蓄，巴基斯坦中央银行系统中已经有当地汇兑。中国是巴基斯坦第一大贸易伙伴，基于两国深化金融领域合作的愿望，双方的金融合作有很大空间。中国部分省市也与南亚国家开展了不同层面的金融领域合作，如云南昆明开展的泛亚金融合作等多个平台。

民心相通指标在南亚地区得分保持稳定，2014 年开始出现比较明显的上升趋势。近年来南亚地区是中国游客出行的重要目的地，马尔代夫已成为越来越多国人的度假"天堂"，斯里兰卡也对中国游客开了方便之门，如开放对旅客进行落地签证等政策。2014 年习近平主席的访问也促成了新一波的"旅游热"。中国—南亚人员交流计划也是促进民心相通的重要力量，该计划为南亚国家提供了 1 万个奖学金名额，在提升汉语教育水平的同时，也为推广中国优秀文化、加强民间交流等多方面奠定了基础。

经贸畅通和设施联通两个指标在 2005 年时得分较低，但一直保持稳定的上升态势，2016 年上升幅度分别达到 62.70% 和 87.59%。中国与南亚国家经贸合作一直是国际合作的重点方向，巴基斯坦是第一个同中国达成自贸协定的南亚国家，2017 年我国与马尔代夫自贸区正式启动，为今后我国与南亚发展经贸合作开拓了新途径。我国也正在加快推进与斯里兰卡的经贸合作谈判。虽然我国从巴基斯坦进口商品的种类目前较少，但是在某些特定的商品上，巴基斯坦已成为我国主要的进口国，份额可以占到 50% 甚至 80%。但同样的贸易环境在其他南亚国家中却较难达成，尤其面对印度压力，我国与南亚的经贸合作任重道远。

设施联通指标的上升反映出南亚地区在基础设施领域与中国间的强大合作潜力。一方面，南亚国家大多基础设施落后，面对社会发展的快速进程，基础设施的普及和更新成为南亚国家发展的现实需求；另一方面，我国在基础建设领域拥有大量产能剩余，对外输出基础工程建设是我国与南亚国家合作的重要发展方向。

第三节　西亚区域海洋合作指数分析

中国与西亚友谊源远流长,历久弥坚,经贸往来一直保持蓬勃发展的势头。历史上,中华文明与阿拉伯伊斯兰文明相互交流、借鉴,共同为人类发展与进步做出了重要贡献。近年来,中国与西亚各国贸易发展势头良好,经济互补性不断增强,贸易合作空间日益广阔。中国实施"走出去"开放战略,更是深化了同西亚国家的经贸合作,拓宽了国际经贸合作的领域。在推进"丝绸之路经济带"和"21世纪海上丝绸之路"建设的新形势下,中国与西亚各国的经贸合作面临着加快发展的难得历史机遇。进一步深化两地的贸易合作,互通有无,既符合两地人民的根本利益,也有利于中国与西亚国家的和平与发展,是大势所趋。

西亚地区海洋合作指数得分虽略有波动,但整体较为稳定。除初始年份2005年外一直保持在30分以上,最高得分出现在2010年的44.04分。以相邻年份结果比较来看,下降程度最大年份为2013年,但该年度得分依旧保持在35分以上。从分指数结果可以看出,2013年得分的下降主要源于政策沟通指标得分的降低,这主要是由于2013年西亚国家中土耳其、卡塔尔等国政治形势变化,使得中国与其交流减少,得分下降(图4-3)。

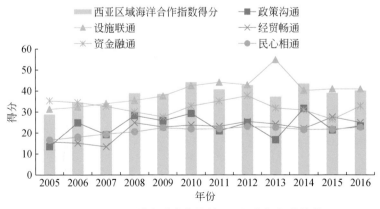

图4-3　西亚区域海洋合作指数及一级指标得分趋势

政策沟通指标得分与西亚海洋合作指数得分变化趋势基本保持一致，这也反映出国家间政治形势的变化对国际合作、对外开放等多领域的影响十分重大。西亚地区宗教系统较为复杂，近年来宗教极端主义问题逐渐凸显，对该地区的政治稳定产生了一定的负面影响。伊拉克境内武装分子的急速扩张导致该地区冲突不断，流血事件时有发生，尽管国际维和组织对该地区有武装干预，但仍然不能完全制止。2013 年"伊拉克伊斯兰国"宣布与叙利亚反对派武装组织联合，ISIS（伊拉克和大叙利亚伊斯兰国）成立，西亚地区恐怖袭击威胁大幅增加，美国甚至少有地在 2013 年大范围关闭位于该地区的使领馆①。从深层来看，教派矛盾、部族冲突和外部干涉的共同作用使得恐怖势力久禁难绝。此外，经济社会发展的严重滞后更给恐怖主义的滋生提供了土壤。例如，也门经济发展的停滞导致超半数人口不能得到足够的粮食，使得国家社会的发展更是难上加难。

设施联通指标得分是西亚国家的最主要优势。该指标平均得分为 39.60 分，最高得分为 2013 年的 54.68 分，也是西亚地区所有二级指标中得分最高的一项。该指标上升趋势较为明显，2016 年得分较 2005 年上升幅度达 30.55%。西亚国家经济支柱主要是石油矿产，石油的开采和炼制等活动需要大量基础设施作为支撑。同时，大量矿产储备使得西亚地区成为全世界的能源供应点，航空、海运和陆运是运输原油的重要途径。另外，西亚地处海运交通要地，是联系亚、欧、非三大洲和沟通大西洋、印度洋的枢纽。土耳其海峡是黑海出入地中海的门户；霍尔木兹海峡是波斯湾的唯一出口；苏伊士运河和红海是亚非两洲的分界线，沟通了印度洋和地中海。这些航运要道使得该地区成为航运版图中最重要的地区之一。繁忙的航运使得设施联通指标在西亚地区优势明显。

资金融通指标在西亚地区优势凸显，但该指标整体呈现微弱负增长走势。

---

① 张霓，王栋. 恐怖组织揭秘：基地组织最为危险的大本营 ［N/OL］. 海外网. http://world. haiwainet. cn/n/2013/1114/c351705-19924121. html. ［2018-9-25］.

金融合作一直是中国与西亚国家合作的重点方向之一，但近年来地区和国家政治形势难以稳定的危机为金融合作带来了大量风险。另外，金融行业对国家的信用记录、还贷能力、通货膨胀风险、货币贬值风险、资金期限错配风险等多方面有系统评估，若国家政治动荡，经济不稳定，金融风险必然增加，会使大量金融合作陷入停滞局面。

相比而言，民心相通指标在西亚地区得分一直保持稳定，但地区安全威胁对民间交流合作产生的重创已经有所显现，未来发展情况难以确定。

经贸畅通指标得分稳定，上升趋势并不明显。相较于其他西亚国家，阿联酋、卡塔尔、巴林等国金融市场发达，其中阿联酋和卡塔尔已建立金融自由区，并拥有独立的监管体系。西亚地区分布着多个世界上石油和天然气储量最丰富的国家，多年来一直为全球各国供应大量的油气资源。西亚国家一直以油气部门的经济强劲增长力量作为支撑国家经济的最重要支柱，但该现象导致国家产业结构单一性明显，一旦能源市场出现波动，其国内经济必将受到巨大冲击，国家财政预算和国际收支平衡面临重大考验。近年来，国际油价持续低迷，西亚地区经济增长和对外合作一直受其影响。未来，西亚地区的经贸合作仍有一段时间必将集中在原油领域，但随着地区原油资源的枯竭和新型能源的兴起，西亚地区的经贸发展方向仍需观望。

第四节　中东欧区域海洋合作指数分析

"21世纪海洋丝绸之路"西向延伸至中东欧国家，北向连接俄罗斯等北极国家，均属于欧洲范围内。研究选取的独联体国家仅有俄罗斯和乌克兰两国，在区域分析时较难体现区域代表性。因此，本章节研究中将中东欧国家与两个独联体国家合并讨论，形成中东欧区域海洋合作指数分析。

中东欧区域"海丝路"海洋合作指数整体呈现较为稳定的态势，上升幅度不大，同时也未出现较突兀的下降年份，说明中国与中东欧区域国家合作稳定。中东欧区域海洋合作指数平均得分为41.65分，最高得分2014年的45.66分。其中俄罗斯对整体得分贡献极大，若去除俄罗斯，其他9国平均得分仅为35.51分（图4-4）。

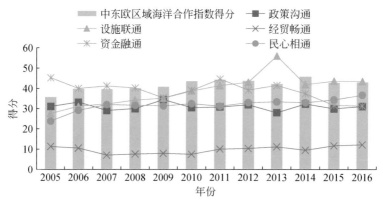

图4-4　中东欧区域海洋合作指数及一级指标得分趋势

　　分指标得分差距较大，其中资金融通、设施联通两个指标得分优势明显，政策沟通、民心相通两指标同样处于高位，仅有经贸畅通指标得分较低，反映出我国与中东欧区域国家在经贸合作领域仍有极大上升空间。整体而言，乌克兰和俄罗斯两国与中国在重工业、原油、木料等原材料方面贸易合作密切，目前已有丰富的合作成果，但部分中东欧国家如爱沙尼亚、阿尔巴尼亚、克罗地亚等，由于其经济实力有限，国家产出也并不丰富，因此在经贸领域难与中国产生大宗交易，限制了中国与中东欧地区的经贸畅通指标发展。另外，本研究采用标杆分析法将所有国家进行横向比较分析，但中国与东南亚国家在经贸领域合作历史长久，成果丰富，因此相比较之下中东欧国家经贸合作得分显著下降。这也反映出中东欧区域与中国在经贸领域合作仍有上升空间。

　　资金融通指标在2005年处于优势领先位置，但该指标整体呈现下滑趋势，2016年下降幅度达30.76%。我国与中东欧国家在金融合作领域面临着与其他地区同样的困境：一方面西方大国的压力迫使部分国家与我国在金融领域合作出现停滞，甚至发生已经签署的合同无法继续执行等情况出现；另一方面金融合作具有服务于商贸流通的特点，若经贸领域合作体量较弱，金融同样无法获得丰硕成果。此外，出于地缘政治等多方面原因，中东欧国家经济体制多数依赖于欧盟、北约等国际组织，经济危机对国家财政和金融行业打击较大。该地区国家的金融领域发展情况也与欧洲经济体息息相关，造成了欧盟组织对这些中东欧国家的经济影响力远超过我国，使得中东欧国家在金融领域与我国合作限制颇多，成果逐年减弱。

设施联通指标在 2005 年并不占优，但 2016 年该指标成为中东欧区域得分最高指标，相较 2005 年上升幅度达 96.53%，指标得分将近翻了一番。中东欧国家面临经济结构调整和基础设施升级的强烈需求，而中国在装备制造、基础设施建设等领域则具有竞争优势。双边合作不仅契合了中国和中东欧国家的各自发展特点与合作需求，而且符合中国和中东欧国家人民的共同愿望和利益。中东欧国家大多经过"冷战"后 20 年的转型期，大量具有明显斯大林时期的基础建设被废弃，同时社会的高速发展需要大量基础建设作为支撑，因此该领域指标得分发展迅速。同时，中国在基础建设领域与中东欧国家合作密切，如中国与保加利亚开展了港口和临港产业园区和农业合作示范区的建设，与爱沙尼亚建立了铁路领域合作，大连港与爱沙尼亚塔林港也达成了港口间合作，等等。

政策沟通指标得分稳定，平均得分为 30.90 分。中国与中东欧国家的合作密切是中东欧国家发展的必然。由于 21 世纪数次金融危机的影响，中东欧国家一度陷入经济困境，欧美日的经济衰落也使得东欧开始将眼光投往发展势头最好第二大经济体国家——中国，双方关系进一步深化。近年来，中国与中东欧国家建立了多领域合作，国家政策领域沟通是必不可少的基础。2012 年，中国与中东欧国家成立了 16+1 合作（中国—中东欧国家领导人会晤）机制。中东欧各国反响积极，波兰总理图斯克称中波关系处于历史上最好时期。自首次会晤，特别是布加勒斯特会晤以来，中国同 16 国贸易额显著增长，各领域交流活动和合作平台组建有序推进,《布加勒斯特纲要》确立的 38 项合作领域, 已有 80% 的项目付诸实施。这也是 2013 年基础设施指标陡然上升的重要原因之一。

民心相通指标得分保持稳定, 2014 年以后指标得分上升趋势明显, 民间合作在未来必然会成为拉动中国与中东欧国家合作的重要领域。

参 考 文 献

陈默.2014.中国援助的非洲模式及其对非洲发展影响的研究[D].上海:上海外国语大学博士学位论文.

程名望,程名威,熊伟.2003.中菲贸易现状及前景分析[J].广西大学学报(哲学社会科学版),(03):64-67.

范洋.2018."一带一路"指数研究综述与分析[J].中国经贸导刊(理论版),(08):54-58.

方拥华.2005.中菲关系的回顾与展望[J].东南亚,(04):17-22.

冯根尧,冯千驹.2018."一带一路"周边国家文化创新力的国际比较研究与启示[J].国际商务研究,(03):51-62.

国家发展改革委,外交部,商务部.2015.推动共建丝绸之路经济带和21世纪海上丝绸之路的愿景与行动[OL].中国一代一路网,https://www.yidaiyilu.gov.cn/yw/qwfb/604.htm.[2015-03-29].

国家信息中心"一带一路"大数据中心.2017."一带一路"大数据报告(2017)[M].北京:商务印书馆.

国家信息中心"一带一路"大数据中心.2017."一带一路"国别合作度评价报告(2016)[M].北京:商务印书馆.

贾宇.2012.南海问题的国际法理[J].中国法学,(06):26-35.

李芳芳,王璐璐,高素梅,等.2017."一带一路"国家工业和信息化发展指数报告[J].产业经济评论,(5):118-124.

李岚晟,孟庆军,张长征.2018."一带一路"金融互联互通中政治、经济与技术等风险研究[J].财会学习,(07):155-156.

刘大海,欧阳慧敏,李森,等.2017.全球蓝色经济指数构建研究——以G20沿海国家为例[J].经济问题探索,(6):175-182.

马强.2015.中国已是缅甸最大贸易伙伴和最大投资来源国.中缅拓展经贸投资合作面临的六大挑战与七大机遇[J].中国经济周刊,(23):22-23.

孟庆雷,任岩岩,阳茜.2018.中缅边境贸易发展现状、问题及对策研究[J].经贸实践,(09):36-37.

申万.2017."一带一路"海外煤炭投资风险与对策[J/OL].煤炭经济研究,(11):27-31.https://doi.org/10.13202/j.cnki.cer.[2017-11-022].

宋倩倩,李雪静,熊杰,等.2018.基于全球能源格局调整和"一带一路"战略背景下的油气合作研究[J].《中外能源》,23(03):1-9.

吴杰伟.1999.中菲"美济礁"争端[J].东南亚研究,(05):47-51,56.

薛澜,翁凌飞.2018.西方对外援助机构的比较与借鉴——改革中国的对外援助模式[J].经济社会体制比较,(01):107-113.

杨青龙,吴倩.2018."一带一路"国家的贸易便利化水平测算及评价[J].江淮论坛,(02):50-56.

雍洪俊,唐欢,张放.2016.菲律宾水果生产与贸易现状及中菲水果贸易前景展望"一带一路"沿线主要国家水果生产与贸易统计分析(六)[J].中国果业信息,33(11):13-28.

张碧琼,卢钰,邢智晟,等.2018.中国对一带一路沿线投资的风险和导向[J].开放导报,(02):29-33.

张海冰.2011.中国对非洲发展援助的阶段性特征分析[J].上海商学院学报,12(05):17-20,31.

张伟.2017.中国"一带一路"建设的地缘战略研究[D].长春:吉林大学博士学位论文.

仲商.2009-11-10.缅甸橡胶开始降价出口中国[N].中国贸易报,第002版.

Yanying Huang,Thomas B Fischer,He Xu.2018.中国对外直接投资战略环评利益相关者分析:以巴基斯坦"一带一路"倡议为例[J].环境影响评价,40(02):98-99.

附　　录

附录一 "海丝路"海洋合作各国年均得分

国家	2005 年	2006 年	2007 年	2008 年	2009 年	2010 年	2011 年	2012 年	2013 年	2014 年	2015 年	2016 年
俄罗斯	80.93	91.78	100.00	100.00	100.00	98.61	100.00	100.00	100.00	99.70	94.60	96.64
新加坡	100.00	100.00	99.54	95.77	93.76	100.00	92.01	94.66	81.45	100.00	100.00	98.04
泰国	66.74	68.86	63.15	64.42	69.41	74.01	74.96	87.04	76.89	89.22	79.27	100.00
马来西亚	70.45	61.88	59.76	59.95	86.75	74.79	73.87	69.76	79.14	95.48	75.86	83.03
菲律宾	67.95	68.67	84.68	74.58	73.76	76.40	81.59	68.06	62.84	74.31	64.52	69.09
印度尼西亚	65.39	65.67	62.39	61.22	61.78	72.68	71.60	73.11	73.60	71.75	70.60	81.79
缅甸	54.36	53.96	66.94	74.92	68.17	74.80	67.76	77.77	67.30	75.30	70.47	70.87
巴基斯坦	48.29	56.61	74.84	63.93	54.12	64.58	67.26	53.80	71.58	93.50	76.63	85.63
越南	41.80	58.08	55.94	68.28	64.51	71.61	74.69	65.87	71.97	74.01	78.00	76.05
波兰	40.97	57.71	54.26	52.82	54.13	59.43	61.46	59.64	50.92	57.51	58.59	65.47
土耳其	43.44	48.70	48.02	52.01	51.79	69.01	58.94	62.45	55.04	62.11	59.85	58.21
斯里兰卡	41.66	43.41	58.27	52.64	54.11	57.65	57.08	55.74	55.55	62.92	61.17	59.67
埃及	26.69	41.74	44.32	58.80	63.30	59.22	57.89	66.22	48.38	65.71	54.99	55.04
柬埔寨	20.87	38.41	39.39	52.97	46.94	54.12	61.92	72.10	60.89	61.27	50.26	62.41
希腊	28.72	44.90	37.35	57.90	59.77	63.63	55.86	51.13	55.57	59.63	48.26	49.79
以色列	44.62	50.66	47.75	46.46	48.08	47.79	47.26	46.28	37.50	46.35	46.38	52.90
阿曼	34.19	44.17	37.48	40.76	39.46	52.71	47.40	43.40	46.47	51.63	42.02	49.10
文莱	40.66	32.09	36.63	35.66	39.26	43.73	43.00	42.29	51.93	52.67	64.43	43.76
乌克兰	26.50	27.28	29.98	35.07	34.48	41.68	48.05	45.10	50.87	51.91	52.63	49.99
孟加拉国	39.80	40.92	35.39	40.10	32.10	43.66	46.61	39.23	36.90	48.73	42.12	40.44
克罗地亚	38.24	36.47	37.35	37.24	36.47	39.57	41.29	38.11	35.54	44.01	40.06	38.96
罗马尼亚	35.91	38.00	33.47	35.73	35.12	38.63	37.53	34.79	37.75	40.81	33.82	34.85
立陶宛	29.46	34.25	34.83	34.48	35.52	39.12	37.72	37.77	42.13	31.34	31.52	30.41

续表

国家	2005 年	2006 年	2007 年	2008 年	2009 年	2010 年	2011 年	2012 年	2013 年	2014 年	2015 年	2016 年
塞浦路斯	26.95	29.22	34.40	35.91	40.10	42.28	38.59	48.13	22.60	31.64	33.62	31.21
爱沙尼亚	30.33	30.59	31.02	30.78	27.67	32.17	33.18	31.88	26.20	34.92	34.63	31.07
保加利亚	23.13	27.41	27.79	26.16	28.48	28.50	28.75	31.97	29.18	42.51	30.86	31.49
卡塔尔	20.45	22.07	22.19	26.15	25.49	26.83	27.84	39.61	26.51	41.54	31.56	37.32
也门	27.29	28.39	27.24	30.80	21.57	33.14	24.40	25.47	29.49	27.42	33.07	20.69
巴林	20.31	22.20	21.64	25.58	22.24	27.07	28.70	28.77	30.47	32.57	25.17	32.77
拉脱维亚	22.43	24.02	25.33	25.52	29.60	29.32	28.09	29.33	23.47	27.56	25.17	25.56
马尔代夫	18.18	19.68	21.11	21.45	21.22	23.78	25.75	24.80	25.99	36.62	33.17	36.63
阿尔巴尼亚	28.72	29.46	20.70	22.10	24.67	27.30	24.93	27.38	24.37	26.32	24.82	24.24
黎巴嫩	15.09	12.31	10.38	13.26	12.28	18.77	18.97	15.11	19.46	15.26	14.19	13.34

附录二 政策沟通指标各国年均得分

国家	2005 年	2006 年	2007 年	2008 年	2009 年	2010 年	2011 年	2012 年	2013 年	2014 年	2015 年	2016 年
新加坡	33.06	22.01	39.84	31.06	26.75	19.73	10.17	18.21	12.00	8.83	30.38	27.58
马来西亚	34.61	22.01	11.69	12.75	44.46	28.81	26.17	26.91	47.60	90.26	44.10	46.14
印度尼西亚	57.53	44.89	57.91	56.74	56.35	51.78	46.52	46.19	65.40	43.25	52.20	47.10
缅甸	11.46	14.96	22.70	31.06	26.75	11.49	49.83	38.39	49.60	51.68	63.31	56.45
泰国	11.46	14.96	11.69	12.75	26.75	19.73	35.30	99.10	55.47	65.06	66.45	73.59
柬埔寨	11.46	32.69	11.69	21.91	40.63	54.20	40.70	90.32	49.60	59.09	55.13	65.48
越南	35.93	48.72	42.76	83.18	51.53	45.95	58.96	38.39	59.60	58.44	84.02	59.20
文莱	45.41	14.96	22.70	21.91	26.75	19.73	10.17	9.60	55.70	38.83	27.30	33.87
菲律宾	34.61	14.96	54.45	28.69	42.86	25.85	44.02	21.60	17.55	36.23	25.73	42.25

续表

国家	2005 年	2006 年	2007 年	2008 年	2009 年	2010 年	2011 年	2012 年	2013 年	2014 年	2015 年	2016 年
土耳其	11.46	14.96	11.69	31.06	26.75	69.69	35.61	50.82	27.30	38.83	37.80	38.39
黎巴嫩	19.40	18.27	8.76	18.72	9.66	16.86	16.76	15.81	10.05	14.55	11.10	10.81
以色列	22.26	22.01	22.70	21.91	26.75	19.73	19.30	18.21	12.00	16.75	13.05	12.90
也门	8.60	11.22	8.76	18.72	9.66	16.86	7.63	7.20	10.05	6.62	5.85	6.29
阿曼	11.46	14.96	11.69	12.75	12.88	27.98	10.17	9.60	7.80	16.75	7.80	12.90
卡塔尔	11.46	14.96	11.69	21.91	12.88	11.49	10.17	18.21	7.80	50.78	23.40	29.68
巴林	11.46	14.96	11.69	21.91	12.88	19.73	19.30	18.21	22.00	24.68	7.80	12.90
希腊	11.46	53.76	35.06	56.57	52.52	55.70	39.65	28.79	33.40	66.88	43.72	52.11
塞浦路斯	11.46	14.96	22.70	21.91	26.75	11.49	10.17	9.60	7.80	8.83	18.30	8.39
印度	92.06	86.01	80.90	100.00	71.64	100.00	51.61	59.52	69.90	72.60	63.39	52.43
巴基斯坦	74.06	84.20	69.05	90.67	58.96	77.94	65.87	42.21	67.65	72.60	73.58	61.32
孟加拉国	45.41	29.06	22.70	40.22	12.88	45.21	52.83	32.61	27.90	56.50	37.20	33.87
斯里兰卡	64.14	53.32	74.51	50.19	59.95	53.46	43.70	58.53	55.70	61.30	57.60	57.61
埃及	14.33	67.86	46.07	56.57	66.39	42.71	39.65	72.11	27.60	71.04	43.05	47.58
马尔代夫	22.26	14.96	11.69	12.75	12.88	19.73	19.30	26.83	7.80	45.71	37.27	37.27
乌克兰	11.46	14.96	11.69	12.75	12.88	30.22	24.39	14.40	37.60	26.49	23.40	25.16
俄罗斯	100.00	100.00	100.00	96.81	100.00	75.89	100.00	100.00	100.00	100.00	100.00	100.00
波兰	27.99	50.65	39.55	46.59	47.07	33.73	51.65	54.63	31.80	26.49	42.08	51.77
立陶宛	22.26	22.01	22.70	21.91	26.75	27.98	19.30	26.83	12.00	8.83	18.30	12.90
爱沙尼亚	33.06	22.01	22.70	21.91	12.88	19.73	19.30	9.60	7.80	8.83	18.30	8.39
拉脱维亚	22.26	22.01	22.70	21.91	40.63	27.98	19.30	26.83	7.80	16.75	13.05	17.42
克罗地亚	51.80	37.41	29.21	31.88	32.20	28.72	25.43	24.00	27.90	37.92	35.25	30.00
罗马尼亚	17.19	22.45	17.53	19.13	19.32	25.48	24.39	23.01	27.85	31.30	13.65	19.19
保加利亚	11.46	23.83	11.69	12.75	26.75	19.73	10.17	9.60	12.00	46.36	19.50	25.48
阿尔巴尼亚	11.46	14.96	11.69	12.75	24.95	14.36	12.72	29.22	13.95	18.96	15.00	19.52

附录三　设施联通指标各国年均得分

国家	2005 年	2006 年	2007 年	2008 年	2009 年	2010 年	2011 年	2012 年	2013 年	2014 年	2015 年	2016 年
新加坡	33.06	22.01	39.84	31.06	26.75	19.73	10.17	18.21	12.00	8.83	30.38	27.58
马来西亚	34.61	22.01	11.69	12.75	44.46	28.81	26.17	26.91	47.60	90.26	44.10	46.14
印度尼西亚	57.53	44.89	57.91	56.74	56.35	51.78	46.52	46.19	65.40	43.25	52.20	47.10
缅甸	11.46	14.96	22.70	31.06	26.75	11.49	49.83	38.39	49.60	51.68	63.31	56.45
泰国	11.46	14.96	11.69	12.75	26.75	19.73	35.30	99.10	55.40	65.06	66.45	73.59
柬埔寨	11.46	32.69	11.69	21.91	40.63	54.20	40.70	90.32	49.60	59.09	55.13	65.48
越南	35.93	48.72	42.76	83.18	51.53	45.95	58.96	38.39	59.60	58.44	84.02	59.20
文莱	45.41	14.96	22.70	21.91	26.75	19.73	10.17	9.60	55.70	38.83	27.30	33.87
菲律宾	34.61	14.96	54.45	28.69	42.86	25.85	44.02	21.60	17.55	36.23	25.73	42.25
土耳其	11.46	14.96	11.69	31.06	26.75	69.69	35.61	50.82	27.30	38.83	37.80	38.39
黎巴嫩	19.40	18.27	8.76	18.72	9.66	16.86	16.76	15.81	10.05	14.55	11.10	10.81
以色列	22.26	22.01	22.70	21.91	26.75	19.73	19.30	18.21	12.00	16.75	13.05	12.90
也门	8.60	11.22	8.76	18.72	9.66	16.86	7.63	7.20	10.05	6.62	5.85	6.29
阿曼	11.46	14.96	11.69	12.75	12.88	27.98	10.17	9.60	7.80	16.75	7.80	12.90
卡塔尔	11.46	14.96	11.69	21.91	12.88	11.49	10.17	18.21	7.80	50.78	23.40	29.68
巴林	11.46	14.96	11.69	21.91	12.88	19.73	19.30	18.21	22.00	24.68	7.80	12.90
希腊	11.46	53.76	35.06	56.57	52.52	55.70	39.65	28.79	33.40	66.88	43.72	52.11
塞浦路斯	11.46	14.96	22.70	21.91	26.75	11.49	10.17	9.60	7.80	8.83	18.30	8.39
印度	92.06	86.01	80.90	100.00	71.64	100.00	51.61	59.52	69.90	72.60	63.39	52.43
巴基斯坦	74.06	84.20	69.05	90.67	58.96	77.94	65.87	42.21	67.65	72.60	73.58	61.32
孟加拉国	45.41	29.06	22.70	40.22	12.88	45.21	52.83	32.61	27.90	56.50	37.20	33.87

续表

国家	2005 年	2006 年	2007 年	2008 年	2009 年	2010 年	2011 年	2012 年	2013 年	2014 年	2015 年	2016 年
斯里兰卡	64.14	53.32	74.51	50.19	59.95	53.46	43.70	58.53	55.70	61.30	57.60	57.61
埃及	14.33	67.86	46.07	56.57	66.39	42.71	39.65	72.11	27.60	71.04	43.05	47.58
马尔代夫	22.26	14.96	11.69	12.75	12.88	19.73	19.30	26.83	7.80	45.71	37.27	37.27
乌克兰	11.46	14.96	11.69	12.75	12.88	30.22	24.39	14.40	37.60	26.49	23.40	25.16
俄罗斯	100.00	100.00	100.00	96.81	100.00	75.89	100.00	100.00	100.00	100.00	100.00	100.00
波兰	27.99	50.65	39.55	46.59	47.07	33.73	51.65	54.63	31.80	26.49	42.08	51.77
立陶宛	22.26	22.01	22.70	21.91	26.75	27.98	19.30	26.83	12.00	8.83	18.30	12.90
爱沙尼亚	33.06	22.01	22.70	21.91	12.88	19.73	19.30	9.60	7.80	8.83	18.30	8.39
拉脱维亚	22.26	22.01	22.70	21.91	40.63	27.98	19.30	26.83	7.80	16.75	13.05	17.42
克罗地亚	51.80	37.41	29.21	31.88	32.20	28.72	25.43	24.00	27.90	37.92	35.25	30.00
罗马尼亚	17.19	22.45	17.53	19.13	19.32	25.48	24.39	23.01	27.85	31.30	13.65	19.19
保加利亚	11.46	23.83	11.69	12.75	26.75	19.73	10.17	9.60	12.00	46.36	19.50	25.48
阿尔巴尼亚	11.46	14.96	11.69	12.75	24.95	14.36	12.72	29.22	13.95	18.96	15.00	19.52

附录四　经贸畅通指标各国年均得分

国家	2005 年	2006 年	2007 年	2008 年	2009 年	2010 年	2011 年	2012 年	2013 年	2014 年	2015 年	2016 年
新加坡	67.99	56.19	41.22	40.61	43.12	40.87	41.44	41.70	47.22	43.41	48.82	47.62
马来西亚	65.98	60.00	51.08	53.12	61.76	60.26	58.48	55.26	62.19	48.65	52.02	59.90
印度尼西亚	38.10	34.29	31.90	32.59	34.74	51.87	53.53	54.21	52.39	41.88	44.78	48.47
缅甸	69.69	56.38	100.00	100.00	100.00	100.00	100.00	100.00	100.00	100.00	100.00	100.00
泰国	50.58	46.74	39.54	41.76	43.75	45.15	42.91	38.75	56.36	49.68	52.30	60.40

续表

国家	2005年	2006年	2007年	2008年	2009年	2010年	2011年	2012年	2013年	2014年	2015年	2016年
柬埔寨	17.97	16.33	17.18	18.48	14.80	14.70	21.75	20.21	29.86	19.85	24.98	26.32
越南	28.94	25.31	25.84	27.44	41.39	38.53	41.86	44.15	47.70	39.70	46.37	53.91
文莱	8.62	9.84	8.79	6.27	15.20	23.27	24.84	36.11	41.00	31.87	37.58	22.98
菲律宾	100.00	100.00	91.74	88.43	84.04	76.03	79.42	84.28	87.12	76.29	77.78	79.15
土耳其	5.57	6.57	7.33	7.17	7.64	7.66	7.40	7.18	8.03	5.63	6.97	6.81
黎巴嫩	6.27	5.74	6.13	7.08	5.85	5.15	5.80	5.99	8.51	5.95	8.03	6.68
以色列	8.30	8.94	9.42	9.90	11.05	10.99	11.55	11.53	12.18	24.02	43.80	43.12
也门	73.01	57.77	41.82	60.13	39.71	53.47	42.39	55.61	52.42	41.68	73.34	31.95
阿曼	30.77	40.54	33.60	38.84	31.99	38.19	37.33	38.26	46.56	45.04	35.91	58.48
卡塔尔	4.83	4.91	4.13	6.24	7.21	6.61	7.46	8.22	11.20	8.95	8.33	10.23
巴林	3.31	3.48	4.09	5.42	6.67	6.26	7.01	8.64	7.31	4.73	6.90	5.65
希腊	5.02	4.19	4.83	46.20	46.74	45.51	45.55	45.38	35.55	34.51	37.99	36.66
塞浦路斯	5.86	5.52	8.52	11.75	15.13	11.37	11.33	19.49	13.18	7.52	6.25	5.05
印度	32.34	29.53	28.07	28.95	26.63	23.84	21.00	17.44	17.40	14.11	17.24	17.74
巴基斯坦	23.28	22.49	24.16	20.56	25.59	22.05	23.50	28.51	76.94	68.46	79.78	76.71
孟加拉国	22.42	20.98	18.52	20.88	19.03	16.98	18.25	18.95	19.72	14.91	22.31	20.52
斯里兰卡	13.86	11.79	33.78	33.40	35.40	30.72	32.74	33.17	30.08	25.99	32.12	30.61
埃及	12.71	12.95	13.01	55.34	55.40	51.66	54.71	53.29	46.38	41.55	47.20	43.58
马尔代夫	2.83	2.06	2.34	2.86	3.78	3.64	5.04	3.64	3.87	2.42	5.73	8.54
乌克兰	11.42	10.02	10.92	11.26	14.81	11.21	40.68	42.46	48.64	49.44	66.00	60.74
俄罗斯	21.28	17.55	18.57	17.59	18.08	15.92	10.04	10.21	10.13	8.21	7.62	13.63
波兰	3.23	2.87	4.73	5.45	5.95	4.69	5.09	5.64	5.25	4.01	5.47	5.63
立陶宛	2.99	3.10	3.32	3.69	3.45	2.87	3.51	4.03	3.65	2.57	3.05	3.35
爱沙尼亚	4.70	7.37	4.54	4.64	4.38	5.49	6.22	5.84	5.37	4.02	5.31	5.35

续表

国家	2005 年	2006 年	2007 年	2008 年	2009 年	2010 年	2011 年	2012 年	2013 年	2014 年	2015 年	2016 年
拉脱维亚	4.21	4.22	4.63	5.68	4.50	4.75	6.05	6.05	5.88	4.20	5.20	5.32
克罗地亚	2.59	3.35	6.36	6.46	5.65	4.72	5.77	5.16	5.12	2.64	3.56	3.86
罗马尼亚	10.46	10.78	3.66	4.41	5.35	5.01	5.03	4.65	4.63	3.78	4.25	5.07
保加利亚	0.64	0.40	3.59	4.29	3.45	3.67	4.09	5.60	5.82	4.51	4.19	4.51
阿尔巴尼亚	50.57	44.33	8.90	11.34	12.50	15.43	12.51	12.64	15.79	10.16	10.63	13.16

附录五　资金融通指标各国年均得分

国家	2005 年	2006 年	2007 年	2008 年	2009 年	2010 年	2011 年	2012 年	2013 年	2014 年	2015 年	2016 年
新加坡	90.08	87.69	86.03	85.27	73.96	92.41	91.68	96.40	93.91	97.15	81.47	84.78
马来西亚	74.03	50.26	52.12	50.75	100.00	55.60	62.27	57.24	69.52	60.04	43.34	66.44
印度尼西亚	66.34	49.92	42.62	41.65	38.91	44.92	55.14	61.32	64.96	55.85	49.69	93.90
缅甸	98.17	91.85	83.89	100.00	73.33	100.00	52.01	100.00	76.21	50.90	29.31	40.43
泰国	65.94	54.28	56.24	52.58	48.35	61.06	67.79	63.59	69.79	70.85	42.23	100.00
柬埔寨	48.13	60.45	65.21	99.32	59.22	61.04	100.00	91.51	100.00	66.54	35.33	73.46
越南	49.16	67.36	55.24	52.39	45.51	52.86	55.61	54.93	60.62	51.82	41.47	54.65
文莱	57.26	41.74	47.67	47.56	42.84	48.36	57.12	46.81	52.29	47.46	100.00	35.21
菲律宾	52.47	48.83	48.01	52.54	44.58	62.05	73.36	52.91	54.56	54.87	39.22	39.85
土耳其	55.47	57.24	55.02	49.64	45.77	45.90	49.89	46.41	47.51	43.90	39.03	33.14
黎巴嫩	20.45	2.91	2.52	2.55	5.31	15.39	14.14	2.79	4.99	2.37	2.65	1.80
以色列	45.09	45.18	38.75	37.82	33.16	37.59	44.01	39.58	42.13	38.06	34.50	60.11
也门	16.67	25.88	36.74	20.41	14.99	28.06	22.37	14.67	29.02	27.30	20.92	20.92
阿曼	39.57	52.00	28.65	31.47	23.96	33.79	40.62	33.63	36.21	35.36	26.03	27.93
卡塔尔	37.87	34.32	36.30	34.50	37.02	35.75	45.36	72.83	34.80	38.05	31.60	48.51

续表

国家	2005年	2006年	2007年	2008年	2009年	2010年	2011年	2012年	2013年	2014年	2015年	2016年
巴林	34.50	32.29	33.18	32.63	28.39	31.86	39.25	33.93	37.43	34.03	27.34	52.66
希腊	33.55	35.07	33.34	35.03	31.14	32.17	39.50	33.50	37.13	34.80	28.05	29.91
塞浦路斯	21.23	18.54	19.82	19.12	19.13	29.11	17.97	58.30	17.93	18.53	23.38	22.69
印度	52.79	35.62	49.59	39.68	32.95	44.22	52.21	51.62	50.18	51.08	44.28	37.20
巴基斯坦	39.03	32.67	100.00	46.67	32.98	43.81	73.85	50.98	64.06	100.00	36.74	74.17
孟加拉国	33.35	44.79	33.77	32.24	29.68	32.61	39.53	35.57	38.10	34.01	27.87	29.06
斯里兰卡	28.29	33.31	36.88	39.47	30.55	41.48	54.87	40.13	58.50	49.62	31.22	28.60
埃及	47.06	40.49	40.59	36.30	36.66	37.14	37.88	39.85	29.70	35.60	29.57	29.09
马尔代夫	14.29	19.55	23.36	20.80	17.47	13.88	21.07	14.03	37.63	26.56	21.73	32.91
乌克兰	36.48	21.85	25.22	37.22	31.70	36.22	41.01	36.61	35.78	30.38	26.00	24.87
俄罗斯	100.00	100.00	92.44	92.59	81.56	82.08	87.41	89.69	92.55	64.95	60.83	69.42
波兰	58.30	52.98	51.44	40.64	43.59	46.96	50.27	38.19	41.35	46.12	36.17	36.00
立陶宛	33.92	31.35	33.60	32.68	28.12	32.44	39.71	32.85	37.58	33.38	27.87	27.45
爱沙尼亚	39.37	31.51	34.48	32.66	30.15	33.87	39.46	33.50	35.91	34.18	26.88	26.92
拉脱维亚	33.84	30.95	33.92	32.39	28.07	32.09	39.69	32.93	35.85	33.66	27.81	26.64
克罗地亚	34.14	29.10	32.70	30.97	27.23	31.15	39.64	33.25	35.82	35.73	27.40	27.58
罗马尼亚	48.02	42.51	39.93	40.12	33.34	34.61	40.23	36.10	37.64	36.93	30.24	30.49
保加利亚	42.26	37.82	42.59	37.83	32.38	33.87	43.80	39.25	38.96	35.63	29.50	27.44
阿尔巴尼亚	24.80	20.59	24.48	23.80	15.52	25.26	23.20	17.88	21.92	21.49	22.53	15.54

附录六　民心相通指标各国年均得分

国家	2005年	2006年	2007年	2008年	2009年	2010年	2011年	2012年	2013年	2014年	2015年	2016年
新加坡	96.99	94.96	88.26	85.63	87.59	86.67	84.96	84.16	85.14	86.55	92.18	92.54
马来西亚	43.36	38.34	40.48	41.52	42.50	39.47	42.05	41.64	49.28	50.23	55.32	57.66

国家	2005 年	2006 年	2007 年	2008 年	2009 年	2010 年	2011 年	2012 年	2013 年	2014 年	2015 年	2016 年
印度尼西亚	56.04	73.76	57.84	54.62	54.36	51.00	47.61	51.87	51.08	51.02	53.28	53.26
缅甸	28.96	28.96	29.83	34.22	38.17	40.15	36.96	37.50	36.95	38.04	39.99	39.65
泰国	100.00	100.00	83.83	88.11	91.10	80.43	75.88	69.19	69.75	67.05	69.07	73.70
柬埔寨	0.25	25.31	41.76	43.19	42.09	41.47	37.77	33.95	33.24	36.55	37.54	37.70
越南	36.58	55.24	57.20	56.72	58.15	66.36	58.22	54.87	59.76	55.95	62.50	60.65
文莱	29.51	29.50	29.96	29.49	30.66	30.61	32.45	31.85	32.17	32.55	34.70	34.99
菲律宾	57.85	64.45	86.46	69.84	66.11	64.77	59.14	54.21	51.64	49.37	50.85	52.91
土耳其	60.19	58.83	56.31	54.52	59.69	61.21	63.11	66.08	70.83	68.75	73.99	76.36
黎巴嫩	0.15	0.07	0.51	0.54	0.50	0.56	0.64	0.47	0.55	0.56	0.62	1.42
以色列	39.46	47.73	41.90	39.46	44.28	35.41	37.95	44.48	43.06	35.26	28.59	30.23
也门	0.00	0.07	0.03	0.05	0.02	0.03	0.06	0.04	0.03	0.09	0.13	0.11
阿曼	29.11	29.06	30.11	29.74	30.63	30.46	30.18	30.11	30.61	31.20	33.56	34.09
卡塔尔	0.10	0.04	0.49	5.35	4.19	3.57	2.90	8.61	3.35	4.08	6.62	6.76
巴林	0.00	0.04	0.05	0.07	0.08	0.03	0.07	0.03	0.07	0.09	0.11	0.20
希腊	17.23	25.17	17.09	27.75	34.88	37.70	30.46	29.37	25.79	22.18	17.60	16.11
塞浦路斯	16.11	15.63	15.51	15.35	16.39	16.54	19.90	16.82	16.95	17.33	17.62	18.84
印度	44.52	41.51	40.05	45.27	41.26	41.51	41.75	36.75	38.56	41.94	45.28	54.03
巴基斯坦	37.37	49.36	55.20	50.34	52.73	51.15	50.18	49.22	50.35	51.38	58.09	72.55
孟加拉国	49.43	47.78	44.28	42.26	42.77	41.70	40.95	39.97	40.42	41.01	43.64	44.81
斯里兰卡	36.46	36.71	37.81	37.36	38.43	38.27	37.98	37.81	38.75	39.98	58.69	58.97
埃及	2.11	1.92	31.03	31.26	32.89	32.02	32.89	33.29	33.79	34.47	36.71	41.38
马尔代夫	14.40	14.42	14.83	14.71	15.23	15.17	15.04	14.96	15.18	15.49	16.52	17.78
乌克兰	23.31	23.07	30.60	32.84	31.83	31.03	29.96	35.31	35.70	33.20	34.28	35.63
俄罗斯	46.67	66.70	100.00	100.00	100.00	100.00	100.00	100.00	100.00	100.00	100.00	100.00
波兰	42.95	71.09	66.55	61.84	58.05	69.24	62.42	59.48	56.70	55.81	61.56	71.53
立陶宛	21.91	32.98	29.24	27.30	26.97	26.82	26.40	26.40	25.99	25.68	27.08	28.46
爱沙尼亚	0.45	0.40	0.76	0.74	0.71	0.91	1.92	1.90	1.86	2.54	1.47	2.92

续表

国家	2005 年	2006 年	2007 年	2008 年	2009 年	2010 年	2011 年	2012 年	2013 年	2014 年	2015 年	2016 年
拉脱维亚	0.20	0.63	0.51	0.57	0.30	0.24	0.42	0.26	0.26	0.20	1.48	1.90
克罗地亚	30.77	30.73	31.14	30.75	31.84	35.35	34.59	34.53	35.94	37.05	38.88	40.37
罗马尼亚	41.84	37.42	30.01	30.93	33.53	33.65	29.20	29.52	34.18	31.81	33.61	37.31
保加利亚	14.72	12.39	14.54	10.65	9.64	7.71	8.57	24.48	25.26	25.27	25.96	28.26
阿尔巴尼亚	14.45	14.46	14.83	19.46	19.04	18.43	17.31	16.83	16.84	16.91	17.90	18.96

附录七　层次分析法和德尔菲法的含义

层次分析法（AHP）是美国著名运筹学家 Saaty（萨蒂）（1986）提出的一种系统分析决策方法（Saaty，1986）。它通过把一个复杂的问题分解为不同个体，并将这些个体按相关关系分类，从而形成一个有序的递阶层次，便于解决。层次分析法中使用两两比较的方式，确定两个同一量级的个体的相对重要性，然后将这些个体综合判断，最终确定所有个体指标的重要性排序。AHP 可以将问题分解成若干层次，逐层分析，是处理难以完全定量分析问题的有效方法，同时能够将主观判断意见用数量表达，将两个原本不易综合考量的问题统一处理。

德尔菲法是专家评价法的一种，经常用于解决难以定量化指标的权重确定。实施过程中，采用背对背方式征询专家成员意见，即专家之间不发生横向联系，经过几轮征询，使专家的意见趋于集中，克服传统的专家会议法缺点。

一、建立层次结构体系

AHP 法首先需构造一个有层次的结构模型，上一层次的个体作为准则对下一层次有关个体有支配作用。这些层次可以分为三类：

1）目标层：只有一个个体，一般代表问题的目标或结果。

2）中间层：包含了实现目标所必需的中间环节，可以由若干层次组成，包括其中所有的准则和子准则等，也称为准则层。

3）指标层：包括可供选择的所有个体指标。

本研究选取了20个主要影响因子，建立"海丝路"国家海洋合作指数的层次结构，分为目标层、中间层和指标层三层结构模式，如附图7-1。

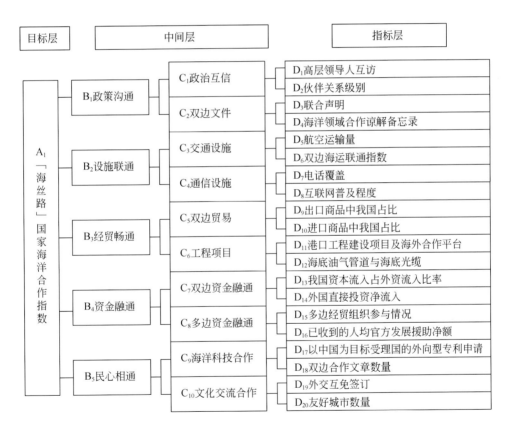

附图 7-1　"海丝路"国家海洋合作指数的层次结构模式

二、构建各层次判断矩阵

在确定影响某因素的诸个个体权重时，遇到的主要困难往往是不易量化。并且，当带来影响的因子较多时，常常会因不同角度的考量使最终结果与实际的重要程度造成差异，甚至有可能相互矛盾。因此，建立不同层次的判断矩阵，在不同层次下对有限的因子进行多层量化，有助于整体判断。

判断矩阵的基本形式为

$$\boldsymbol{B} = \begin{pmatrix} b_{11} & b_{12} & \cdots & b_{1n} \\ b_{21} & b_{22} & \cdots & b_{2n} \\ \cdots & \cdots & & \cdots \\ b_{m1} & b_{m2} & \cdots & b_{mn} \end{pmatrix}$$

判断矩阵表示对于上一层元素，本层次元素间的相对重要性。两两比较建立比较矩阵方法是判断矩阵常用的方法之一，即 b_{ij} 表示 i 元素对 j 元素的相对重要性，b_{ij} 是 i 元素与 j 元素两两比较所得的结果。按照萨蒂提出的"1—9"九级标度体系（其标度方法及其含义见附表7-1）。若 b_i 与 b_j 对 B 的影响之比为 b_{ij}，则 b_j 与 b_i 对 B 的影响之比为其倒数，即 $b_{ji} = 1/b_{ij}$。同时，必须满足以下条件：$b_{ii} = 1$，$b_{ji} = 1/b_{ij} \cdot b_{ij} = b_{ik}/b_{ik}$。

此处引入德尔菲法，即征询小组采取背对背方式征询意见，小组成员之间不发生横向联系，通过后文的一致性检验方法对每轮征询意见进行检验，若检验不通过则重新进行意见征询，经过几轮征询直到重要性排序意见趋于集中，得到一个合理、真实的打分结果。

进行两两比较时引入萨蒂标度法，具体方法及打分标准如附表7-1所示。当被比较的事物在某属性方面具有相同或很接近的数量级时，为了便于区分，可以做出相同、较强、强、很强、极强5个判断以及介于这些判断之间的4

个判断，共 9 个级别的比较。

附表 7-1 列出了 1—9 标度的含义。

附表 7-1　层次分析法中标度含义

标度	含义
1	表示两个因素相比，具有相同重要性
3	表示两个因素相比，前者比后者稍重要
5	表示两个因素相比，前者比后者明显重要
7	表示两个因素相比，前者比后者强烈重要
9	表示两个因素相比，前者比后者极端重要
2，4，6，8	表示上述相邻判断的中间值
倒数	若因素 i 与因素 j 的重要性之比为 a_{ij}，那么因素 j 与因素 i 重要性之比为 $a_{ji}=\dfrac{1}{a_{ij}}$

三、计算判断矩阵的最大特征根和特征向量

判断矩阵是一种特殊矩阵，可采用求和法或方根法进行简便计算。本文中使用方根法计算判断矩阵中各指标权重。具体步骤：

（1）将判断矩阵的每行相乘，得 M_i；$M_i = \displaystyle\prod_{}^{n} b_{ij}(i=1，2，\cdots，n)$

（2）计算 M_i 的 n 次方根 w_i；$w_i = \sqrt[n]{m_i}\ (i=1，2，\cdots，n)$

（3）对向量 $W=(W_1，W_2，\cdots，W_n)$ 归一化处理得到特征向量；$w_i = \dfrac{w_i}{\displaystyle\sum_{i=1}^{n} w_i}(i=1，2，\cdots，n)$

（4）最后计算特征向量的最大特征值。$\lambda_{\max} = \displaystyle\sum_{i=1}^{n} \dfrac{(BW)_i}{nw_i}$

四、判断矩阵的一致性检验

一致性检验是判断矩阵相对重要性及权重得分是否有效的重要计算方法。检验计算方式如下：C. I. (consistency index) = $(\lambda_{max} - n)/(n-1)$。可以看出，一致性指标 C. I. 的值越大，矩阵偏离程度越大，数据不合理；C. I. 的值越小，矩阵越接近于一致，结果越准确。同时，判断矩阵的阶数 n 越大，人为打分等造成的误差值便越大，C. I. 得分越高；n 越小，人为造成的偏离越小，C. I. 得分越小。

本文引入平均随机一致性指标 R. I. （random index），便于多阶判断。附表 7-2 给出了 1—10 阶正互反矩阵计算 1000 次得到的 R. I. 值。

附表 7-2　平均随机一致性指标

参数	数值									
n	1	2	3	4	5	6	7	8	9	10
R. I.	0	0	0.58	0.9	1.12	1.24	1.32	1.41	1.45	1.49

C. I. 与 R. I. 之比称为随机一致性比率 C. R. （Consistency Ratio），C. R. = C. I. / R. I. 。

当 $n<3$ 时，判断矩阵永远具有完全一致性。

当 C. R. <0.10 时，便认为判断矩阵具有可以接受的一致；当 C. R. >0.10 时，认为判断矩阵的一致性偏差太大，结果不可信，需要进行调整，直到满足 C. R. ≤0.10 为止。只有所有判断矩阵的一致性检验合格，此时层次单排序得到的结论才是合理的和有效的。

五、层次单排序

层次单排序是把一个层次中所有的个体通过判断矩阵计算排出权重得分大小。这实际上是求出满足 $BW = \lambda_{\max} W$ 的特征向量 W 的分量值，也是对分量值进行的归一化处理，即可得到指标权重，继续该模型的应用和分析。

六、层次总排序及权重确定

层次总排序是指在得到层次单排序后，综合单层次因素的优劣顺序，最终得到所有指标层的优劣。实际上层次总排序是层次单排序的加权组合。如层次 C 对于层次 B 来说，单排序结果是 C_1，C_2，C_3，$\cdots$，C_m，而层次 D 对于层次 C 各因素 C_1，C_2，C_3，$\cdots$，C_m 来说单排序结果数值分别为 w_1^1，w_2^1，$\cdots$，w_n^1；w_1^2，w_2^2，$\cdots$，w_n^2；$\cdots$；w_1^m，w_2^m，$\cdots$，w_n^m；则层次 D 各因素对层次 B 的总排序数值由公式 $w_n = \sum\limits_{j=1}^{m} a_j w_n^j$，$w_2 = \sum\limits_{j=1}^{m} a_j w_2^j$，$\cdots$，$w_n = \sum\limits_{j=1}^{m} a_j w_n^j$ 来确定。

对层次总排序也需要进行一致性检验。因为尽管单层一致性检验合格后，每个层次排序综合考量时，各层次的非一致性共同积累，可能引起最终分析结果非一致性较大，影响最终判断结果。

设 B 层中与 A_j 相关的因素通过单排序中一致性检验，结果指标为 C. I. (j)，($j=1$，$\cdots$，m)，相应的平均随机一致性指标为 R. I. (j)，则 B 层总排序随机一致性比例为

$$\text{C. R.} = \frac{\sum\limits_{j=1}^{m} \text{C. I.}(j) a_j}{\sum\limits_{j=1}^{m} \text{R. I.}(j) a_j}$$

当 C. R. <0. 10 时，认为层次总排序结果具有一致性，该分析结果可以接受。

经过上述计算，分别得到不同层次的总排序和A—D层次总排序的综合结果，综合可得到所有评价因子的权重，从而可以进行后续的指数权重。

附录八　德尔菲法指标权重调查问卷

调查问卷1

	政治互信	双边文件
政策沟通相对重要性调查问卷		
政治互信		
双边文件		

调查问卷2

	交通设施	通信设施
设施联通相对重要性调查问卷		
交通设施		
通信设施		

调查问卷3

	双边贸易	工程项目
经贸畅通相对重要性调查问卷		
双边贸易		
工程项目		

调查问卷 4

资金融通相对重要性调查问卷		
	双边资金融通	多边资金融通
双边资金融通		
多边资金融通		

调查问卷 5

民心相通相对重要性调查问卷		
	海洋科技合作	文化交流合作
海洋科技合作		
文化交流合作		

调查问卷 6

政治互信相对重要性调查问卷		
	高层领导人互访	伙伴关系级别
高层领导人互访		
伙伴关系级别		

调查问卷 7

双边文件相对重要性调查问卷		
	联合声明	海洋领域合作谅解备忘录
联合声明		
海洋领域合作谅解备忘录		

调查问卷 8

交通设施相对重要性调查问卷		
	航空运输量	双边海运联通指数
航空运输量		
双边海运联通指数		

调查问卷 9

通信设施相对重要性调查问卷		
	电话覆盖	互联网普及程度
电话覆盖		
互联网普及程度		

调查问卷 10

双边贸易相对重要性调查问卷		
	出口商品中我国占比	进口商品中我国占比
出口商品中我国占比		
进口商品中我国占比		

调查问卷 11

工程项目相对重要性调查问卷		
	港口工程建设项目及海外合作平台	海底油气管道与海底光缆
港口工程建设项目及海外合作平台		
海底油气管道与海底光缆		

调查问卷 12

双边资金融通相对重要性调查问卷		
	我国资本流入占外资流入比率	外国直接投资净流入
我国资本流入占外资流入比率		
外国直接投资净流入		

调查问卷 13

多边资金融通相对重要性调查问卷		
	多边经贸组织参与情况	已收到的人均官方发展援助净额
多边经贸组织参与情况		
已收到的人均官方发展援助净额		

调查问卷 14

海洋科技合作相对重要性调查问卷		
	以中国为目标受理国的外向型专利申请	双边合作文章数量
以中国为目标受理国的外向型专利申请		
双边合作文章数量		

调查问卷 15

文化交流合作相对重要性调查问卷		
	外交互免签订	友好城市数量
外交互免签订		
友好城市数量